建筑画 100 年

——1900—2000 年的经典瞬间

［英］尼尔·宾厄姆　著

邢晓春　译

著作权合同登记图字：01－2012－8378号

图书在版编目（CIP）数据

建筑画100年——1900—2000年的经典瞬间／（英）宾厄姆
著；邢晓春译.—北京：中国建筑工业出版社，2014.6

ISBN 978-7-112-17109-5

Ⅰ.①建… Ⅱ.①宾… ②邢… Ⅲ.①建筑画—作品集—世
界—20世纪 Ⅳ.①TU204

中国版本图书馆CIP数据核字（2014）第159117号

本书由英国Laurence King出版社授权翻译出版

责任编辑：程素荣　孙立波
责任校对：李美娜　姜小莲

建筑画100年
—— 1900—2000 年的经典瞬间

［英］尼尔·宾厄姆　著
邢晓春　译
＊
中国建筑工业出版社出版、发行（北京西郊百万庄）
各地新华书店、建筑书店经销
北京美光设计制版有限公司制版
北京顺诚彩色印刷有限公司印刷
＊
开本：889×1194毫米　1/20　印张：16 $\frac{2}{5}$　字数：470千字
2015年1月第一版　2015年1月第一次印刷
定价：128.00元
ISBN 978－7－112－17109－5
　　　　　　（25871）

建筑画 100 年

——1900—2000 年的经典瞬间

[英] 尼尔·宾厄姆　著

邢晓春　译

中国建筑工业出版社

目 录

导 言

这一以时间顺序呈现的研究，是对 20 世纪建筑画一次全球范围的纵览。大师作品以及那些实例应该得到更多的了解，坦率地说也有一些是我独特的选择。建筑师以充满技巧和艺术性的方式运用媒介——多数作品是铅笔、钢笔和水彩渲染这样的形式——从而参与设计并以此交流设计理念。实际上，建筑画就是建筑表现——尽管大部分建筑画是手绘和彩色的，"建筑画"也以印刷品、照片拼贴和数字图像的形式呈现。

建筑师并不是在封闭状态下工作的。从幸存下来的、五花八门的 20 世纪建筑画中，可以看到重要的主题和议题。建筑画中所体现的历史延续性是一个值得注意的例子，在 20 世纪中可能最能说明这一点的就是包豪斯。这所昙花一现的试验性学校仅仅存在于 1919 年至 1933 年期间，其师傅和学生所创作的建筑画，以及后来随着成员在全世界担任重要角色后创作的作品，直到今天都影响着建筑设计和教育。在包豪斯，建筑表现中出现了简化的、表现建筑的新方式，例如法尔卡斯·莫尔纳于 1921 年在研究一座现代别墅时，以线条的方式呈现了一幅简朴的油毡浮雕（见第 57 页），而在当时，其他建筑学校还在期待着那种一丝不苟的新古典绘画，这幅作品就像是给了他们一记响亮的耳光。弗利德·迪克－布朗德斯和弗朗茨·辛格都是包豪斯学生，他们将大胆的轴测图（见第 105 页）带入到私人执业实践中，这种手法在包豪斯创始者沃尔特·格罗皮乌斯（见第 79 页）和汉斯·梅耶（见第 88 页）——该校建筑系第一任主任的带领下流行起来。战争带来的恐怖时期，使迪克－布朗德斯很多年来在特雷津集中营作为囚犯，为儿童教授艺术课程，后来她死于奥斯维辛集中营，而辛格却能够设法逃到英格兰。格罗皮乌斯去了美国，他的同僚赫伯特·拜耶（见第 135 页）以及马歇·布劳耶也去了美国，后者创办的事务所在 20 世纪 50 年代成为纽约规模最大的事务所之一（见第 149 页）。即便到了 20 世纪 90 年代，包豪斯的方法对建筑画的直接影响仍然可以从伯特兰·戈德堡创作的芝加哥摩天楼线条画（见第 291 页）中看到，他在包豪斯读书期间正值学校迫于纳粹的压力而关闭，当时他也在该校第三任校长路德维希·密斯·凡·德·罗（见第 141 页）的事务所工作。

这种建筑师之间师徒关系的按手礼（laying on of hands）[1] 是艺术连续性的支撑。诺曼·福斯特的建筑画风格是轻盈的，但是就像他的一座高科技建筑（见第 242 页）一样得到精确的控制，从中可以看出他学生时代所受的影响。他挥洒的这些精美的、几乎可以说轻浮的草图，承自对建筑师休·卡森那些轻快的晕影画的欣赏（见第 162 页），福斯特在其事务所度过了一个生气勃勃的夏天。还是耶鲁大学一名研究生的时候，福斯特就被雇佣为耶鲁建筑学院院长保罗·鲁道夫事务所的绘图员，而鲁道夫正是一位以严守规则、充满细节的渲染画而闻名的建筑师（见第 229 页）。

---

[1] 是旧约的一种宗教仪式，是传授圣灵恩赐、权柄与能力的圣礼——译者注。

20 世纪另一位巨人——弗兰克·劳埃德·赖特受到他所崇拜的传统日本版画的强烈影响——甚至画作上的红色事务所签章，也像一位日本木版画大师的签名（见第 70 页）。赖特还保留了他称之为"崇敬的宗师"（Lieber Meister）——指的是路易斯·沙利文（见第 176 页）——的精细而流畅的技巧。在超过 75 年的漫长职业生涯中，赖特的风格逐渐发生改变。他的学徒、职员和追随者们使他那不断变化的绘画方法得以续存，其中包括马里昂（Marion）和瓦尔特·格里芬（Walter Griffin）夫妇，他们离开赖特事务所之后，到澳大利亚设计这个国家的新首都堪培拉，然后又继续在印度进行建造，其作品风格仍然是 20 世纪 20 年代赖特早期"织物块"的风格设计（见第 126 页）。保罗·索莱里在 20 世纪 40 年代离开赖特，其后漫长的职业生涯主要是因另类栖居（alternative habitats）——太空时代的、而且常常是巨型体量的建筑——而闻名，这是对于赖特社区规划趣味的拓展（见第 154 页）。在这本书对建筑画的纵览中，我们能够追溯 20 世纪建筑学在设计和绘图技术——传统的、试验性和审美的视觉叙事历史。从我们今天的视角来看，当今由计算机辅助设计（CAD）——始于 20 世纪 90 年代的技术发展主导，而 20 世纪似乎成为传统建筑手绘的黄金年代。

巴黎美术学院比戈（Bigot）工作室，1927-1936 年
美术学院的建筑学生们在保罗·比戈（Paul Bigot）（见第 112 页）的指导下，在绘图室中挤在一起，趴在绘图板上。这个小组主要是在完成一座音乐厅设计作业中的平面图。大幅图纸、大型项目和对称的规划是巴黎美术学院体系教学和实践长期学术传统的重要组成部分，其全球影响力一直持续到第二次世界大战。

1900 - 1913 年

追随传统的建筑画

随着 20 世纪开始，建筑学仍然沉浸在主宰 19 世纪大部分时期的历史传统之中。建筑师主要通过学徒体系接受训练，但是也越来越多地在新式建筑学校接受培训。他们学习运用基于形式技能和画意美学（picturesque aesthetics）的传统表现方法绘制建筑画。

这个时期正是寻求强烈民族认同的时期，各个国家通过运用民族建筑特色来定义自身。例如，在西班牙东北部，与安东尼·高迪同时期的建筑师何塞·普伊赫创作了极具装饰性的建筑，其风格可以追溯到当地在晚期哥特时期和早期文艺复兴时期的黄金年代，这是加泰罗尼亚传统所呈现的丰富性的宣言（见第 10 页）。对那些帝国体制的国家而言，对宗主国的认同可以通过建造巨大规模的建筑项目而迁移到国外，将地球其他地区的人们联系起来。埃德温·鲁琴斯和赫伯特·贝克是大英帝国最著名的建筑师，设计了英国统治印度时期的新首都新德里。贝克设计了南非新国会大厦建筑——位于比勒陀利亚的联合大厦（见第 17 页），这是一座占地面积庞大的堡垒，竭力效仿克里斯托弗·雷恩的建筑。贝克对该方案绘制了壮观的建筑画，尽管是在 1913 年建筑竣工后 20 年绘成的，是为在伦敦皇家艺术学院举办的展览而专门绘制的。在这次展览中，受过良好教育的观众认为贝克使人想起帝国的灵魂中心——圣保罗大教堂，因而这一风格被认为适合于不列颠殖民政府的建筑。对那些处于帝国管控下的国家来说，建筑也可以成为面对外族统治、仍坚守民族认同的方式。阿玛斯·林德格伦在爱沙尼亚的塔林设计了一座大教堂规模的教会建筑，当时这个国家正处于俄罗斯帝国教会的统治之下。这幅建筑画是爱沙尼亚青年运动的象征，因此，这座建筑呈现的毛石墙和尖耸的钟塔等当地特色，激发了爱沙尼亚人的爱国热情（见第 18 页）。但是，沙皇没有批准建造这一方案。

许多规模宏大的项目，例如贝克设计的南非政府大楼，追随流行的学院经典主义，这是一种根植于历史元素教条的意识形态，成为建筑教学和实践的依据。以法国为中心的（巴黎）美术学院体系得到广泛传播，在美国这样的因移民潮而迅速发展起来的国家备受欢迎。美术学院体系关注于绘画的艺术性，以此设计建筑和城市项目，这些方案都从古典主义汲取灵感，构图对称，平面和立面都非常宏伟而复杂，装饰大胆而繁琐。丹尼尔·伯纳姆在 1908 年设计了具有美术学院风格的芝加哥城市规划方案，当展现街道从一个壮观的广场和公共建筑放射出去的设计图发表时，该方案成为这一风格的典范（见第 20 页）。

这一时期绘制的壮观的透视图是为了吸引客户，使参观展览的人感到炫目，以及为了出版。在不那么庞大壮观的项目中，尤其是针对住宅建筑的设计方面，工艺美术运动也影响着建筑表现的艺术风格。这一运动的领袖建筑师是英国人：C·F·A·福塞，其创作的建筑画让人浮想联翩，观者都渴望身处这些住宅花园里，度过一段愉快的英式午后时光（见第 15 页）；还有查尔斯·雷尼·麦金托什，他绘制的精美的、独具风格的苏格兰住宅，外观粗犷、室内装饰细腻，以黑色钢笔线条绘成，就像是已经准备好的印刷页面一样（见第 14 页）。

世纪末的建筑师极为谙熟技艺，尤其是在对传统材料的运用和修饰上，例如石材、砖和木材。这种熟能生巧能够使日常工作图变为一种充满技术性和艺术性的佳作。卡尔·莫泽尔在德国曼海姆设计了圣约翰新教堂，作为设计的一部分，绘制了其中一个塔尖的线条画。这幅立面图在比例方面精美而严谨：我们可以注意到石砌层、门窗边框之间的距离，以及门窗洞口的尺寸越来越小（见第 12 页）。然而这种准确性又被充满雕刻感的表面的那些自由流畅的线条所调节。这是充满流动感的设计：新艺术运动时期（Jugendstil）的枝叶形状，排列在不那么严谨的哥特复兴风格的建筑主体之上。实用性与想象力的结合，是建筑设计中的精妙平衡，使得莫泽尔的建筑画既可以指导施工，也具有装饰性。

卡斯·吉尔伯特（Cass Gilbert）和他的职员展示美国圣保罗市明尼苏达州议会大厦的主层楼面平面图，大约 1900 年

吉尔伯特为其设计的明尼苏达州议会大厦绘制的壮观的办公楼建筑画，成为当时横扫美国的（巴黎）美术学院风格的例证，这一风格在 20 世纪之初经由欧洲传到美国。建筑师从古希腊、罗马和文艺复兴时期的先例中发展自己的设计，平面对称，就像吉尔伯特的大型钢笔画中清晰展示的那样。右侧背景墙上挂着罗马万神庙的印刷图片，这就是灵感的来源。

何塞·普伊赫（Josep Puig）（1869-1956 年）

安东尼·阿玛特耶之家（Casa Antoni Amatller），达格拉西亚大道（Paseo de Gracia），西班牙巴塞罗那

钢笔、彩色渲染和水粉

作为一名杰出的政治家和大力倡导西班牙加泰罗尼亚文化的人士，建筑师何塞·普伊赫·卡达法尔克（Josep Puig i Cadafalch）将其通信和建筑档案藏在他于 20 世纪 20 年代建造的、位于巴塞罗那的住宅里一道假墙的背后，当时正值普里莫·德里维拉（Primo de Rivera）建立独裁统治时期。这些材料始终秘密地收藏在那里，直到 2003 年他的后代发现。几乎与普伊赫同时代的安东尼·高迪的建筑画却没有同样的好运：在西班牙内战中这些画作毁于火灾。

普伊赫对于晚期哥特风格和早期文艺复兴风格建筑的学者式研究和显而易见的欣赏，可以从他为这座巴塞罗那市镇住宅绘制的设计图中看出来，这是为巧克力制造商安东尼·阿玛特耶·科斯塔（Antoni Amatller i Costa）而设计的住宅。画面以钢笔绘制，几乎完全手绘，可以看出笔尖不断移动，但是在窗户、入口和梯级式山墙周围又显示出自信和精准，这些笔触形成了具有浓厚装饰色彩的石雕装饰线条。对角线方向和交叉平行线条绘制的阴影上刷白色水粉，表明普伊赫希望以具有丰富图案的浅色面砖来装饰立面。

AMERICAN HOTEL
AMSTERDAM
SCHAAL 1:50

威廉·克罗姆胡特(Willem Kromhout)
(1864-1940年)

美洲旅馆，莱兹广场，荷兰阿姆斯特丹。立面图，1900年

铅笔、钢笔和彩色渲染

立面图是一座建筑的正面沿着水平面的投影，观者是平直地看的。到1900年，在师傅建筑师的掌控下，例如事务所位于鹿特丹的建筑师威廉·克罗姆胡特，重大项目的大型建筑立面，如其设计的阿姆斯特丹旅馆，已经成为充满细部和色彩的技术壮举——大型事务所的产品。克罗姆胡特设计的这座新

艺术风格的大厦，采用的图纸比例是1：50（也就是说，图纸是设计中的饭店尺寸的50分之一），这使所有生动的细部都可以欣赏到，尤其是彩色玻璃和马赛克图案。钟塔看上去退后了，在立面的平面之外，这是以更细的线条和更淡的色彩这种传统建筑画做法而实现的。

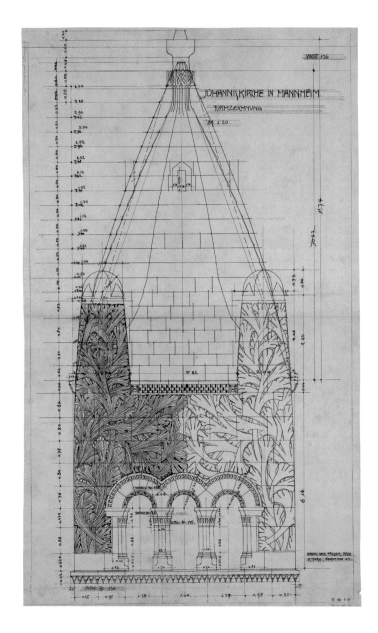

卡尔·莫泽尔（Karl Moser）（1860-1936 年）和罗伯特·库里尔（Robert Curjel）（1859-1925 年）

德国曼海姆圣约翰教堂，钟塔的工作草图，1902 年 11 月

描图纸上黑色、红色和绿色钢笔画

建筑师为工匠绘制的工作草图是实用性的，充满细节，就像这个例子一样，这种草图往往比为吸引客户或为在展览会上展示而创作的最精美的透视表现图还要漂亮得多，而且令人着迷。建筑师卡尔·莫泽尔因创作了许多混凝土教堂、并且在教学中热情鼓励年轻一代尊崇现代主义运动而闻名于世，后来被称为"瑞士现代主义之父"（the father of Swiss Modernism）。尽管如此，他的大部分职业生涯是在德国卡尔斯鲁厄与罗伯特·库里尔合伙人设计事务所度过的，他们热衷于复兴式风格。在这幅他们设计的曼海姆教堂钟塔的建筑画中，三连拱入口暗示着罗马风手法，并且因尖塔基座上叶形装饰所呈现的新艺术格调而变得更加丰富，这些都是将来在石砌工程中要雕刻成型的。

KIRCHE·FVR·DIE·NÖ·LANDESIRRENANSTADT·

奥托·瓦格纳（Otto Wagner）
（1841-1918 年）

奥地利维也纳利奥波德教堂。透视图，1902 年

钢笔和彩色渲染

伟大的奥地利建筑师奥托·瓦格纳的许多设计是通过《我的草图、方案和实施建筑》（*Einige Skizzen, Projecte und ausgeführte Bauwerke*）而广为人知的，这些卷册是其建成作品的建筑画和照片的精美复制品，出版于 1890 年和 1922 年之间，而他已在此期间离世。这张画出现在 1906 年出版的第三卷中，就像所有的印版一样，是黑白的。原作

色彩闪闪发亮，白色造型的教堂带有金色穹顶、带格架的平台、蜿蜒的斜坡小径，设置在迷蒙薄雾的紫色天空和沙滩一样的棕色土地背景之下，这种质感是由颜料经喷雾器喷洒而成的。只有灯塔上的十字架悄悄越出这一专为圣利奥波德教堂而设计的画面上部边缘。这座教堂建在维也纳郊区下奥地利的国立疯人院基地上。

查尔斯·雷尼·麦金托什 (Charles
Rennie Mackintosh)(1868-1928年)
希尔住宅（Hill House），海伦斯堡，
苏格兰丹巴顿郡。从西南方向看的透
视图，1903 年
钢笔画

查尔斯·雷尼·麦金托什的绘画技巧与他的
这座住宅设计一样与自然和谐，充满流动
感。这座为出版商沃尔特·布莱基（Walter
Blackie）设计的住宅位于格拉斯哥附近。苏
格兰豪宅的麦金托什版本充满非对称线条，
几乎全部是手绘的。这座住宅墙壁采用朴素
的拉毛粉刷，映衬在无穷无尽、变化多端的

天空和植物背景之下。麦金托什的笔触如此
活跃，以至于纸张似乎都在颤动，树叶都被
从电杆上摇落，还有格架上的玫瑰花，以及
前景的树。这幅画的黑白主题与希尔住宅的
室内是一致的，这位建筑师与他的妻子玛格
丽特·麦克唐纳（Margaret Macdonald）一起，
以同样的色调设计了家具和纺织品。

查尔斯·弗朗西斯·安斯利·福塞
（Charles Francis Ainsley Voysey）
（1857-1941 年）

海厄姆疗养院，伍德福德，英格兰埃塞克斯郡。平面和透视图，1904 年

水墨画、彩色渲染和水粉

爱德华时代一个惬意的夏日，将其暖意洒遍了查尔斯·福塞设计的上流社会乡村生活中。两幅透视图将同一个瞬间一分为二：在花园里，女士们正在享受闲暇时光，一位来访的绅士正在与其中一位打招呼，另一位沉醉于阅读中；在前门，一位执手杖的绅士正在通过心形窗户向内注视，他在等待进入这座宅子，向居住在这座旅舍里沉迷于酒精的女士表达敬意。从平面图中，我们可以看到人们如何在这所慈善机构里生活。这是由百折不挠的亨利·桑木塞（Henry Somerset）爵士夫人捐助而建造的，

她是戒酒运动的改革者。这些女士居住在卧室，老虎窗位于挑檐下方，沿着这座长长的石砌建筑整个长度布置。她们集中在餐厅用膳，在休息室和图书室进行消遣娱乐。精神需求在小教堂得以满足，住宅的这个部分带有扶壁，在外观上与其他部分区别开来。当然了，还有仆从，他们住在侧翼的底层，正如在平面图中可以看到的，可以俯瞰种植苹果树的果园；就像在上面一幅透视图中看到的那样，果树在长满草本植物的花园篱笆墙后面生长，篱笆墙上种植着福塞最喜爱的蜀葵。

约翰·波拉德·塞登（John Pollard Seddon）（1827-1906 年）和爱德华·贝基特·兰姆（Edward Beckitt Lamb）（1857-1932 年）

帝国纪念大厦和钟楼（Imperial Monumental Halls and Tower）设计方案，威斯敏斯特，英格兰伦敦，大约 1904 年

板上钢笔、彩色渲染和水粉

由于威斯敏斯特教堂已经放满了墓室和纪念碑，英国政府建议在教堂和议会大厦之间的地块上建造一座国家级陵墓，用于纪念大英帝国的杰出人物。在 1890 年，著名的教堂建筑师 J·P·塞登提交了他的方案，在 1904 年他与助手 E·B·兰姆共同发展这一方案，后者负责制图 [尽管这张壮观的水彩画有时被认为是一位不知名的"约翰·盖伊"

（John Gaye）所绘，因为在背面有作者名字]。这座不列颠英烈祠为与周边建筑协调，将采用哥特式风格：长长的教堂一样的主体结构在画面中位于维多利亚塔和议会大厦钟塔之间，以便于将来容纳陈列馆和纪念碑：塔楼高 167 米（548 英尺），建筑师将其命名为"公墓"（Campo Santo），主要是用来储存政府文件，灯塔上挂着大钟。

卡斯·吉尔伯特（Cass Gilbert）
（1859-1934 年）

**一座 150 层的办公楼。草图，1905 年
5 月 24 日**

印有抬头的纸上铅笔画

卡斯·吉尔伯特创作这幅轻松诙谐的草图时，正在设计他在纽约的第一座摩天楼——位于下曼哈顿、高 23 层的西街大厦（West Street Building）。因设计中要去掉楼顶的尖塔，他感到很受挫。尽管他为这幅画命名为"150 层的办公楼"，但是这座几乎不可能实施的高层建筑实际上被截短了，以便突出端部和塔楼一丛丛哥特式小尖塔。画面中一个个飞起来的机器充满嬉戏感，在这些机器之间，

卡斯甚至草草画出了一个六边形塔楼和尖塔交接的平面图。这幅画绘制在便条纸上，抬头是建筑师事务所的地址，位于东 78 街一座小巧的赤褐色砂石建筑。这种昂贵的书写纸质地具有较好的吸水性，对于钢笔非常合适；但是吉尔伯特用的是软铅笔，粗糙的肌理使得他有可能用手指将天际线的轮廓晕开，并且在立面上抹出两道宽阴影。

阿玛斯·林德格伦（Armas Lindgren）
（1874-1929 年）

圣保罗大教堂，爱沙尼亚塔林。立面图，1906 年

钢笔、彩色渲染、水粉和金丝颜料（gold paint）

沙皇尼古拉斯二世于 1905 年颁布了在俄罗斯帝国内实行宗教宽容（religious tolerance）的法令，使得宗教少数派，如爱沙尼亚的路德会教友得以叛离东正教。为了纪念这种自由并弘扬爱沙尼亚精神中的独立性，在爱沙尼亚承接很多任务的芬兰建筑师阿玛斯·林德格伦接受委托，按照大教堂的比例设计这座路德会教堂。假使圣保罗教堂建成的话，应该可以容纳 9 千多人。穹顶和入口的圆

形——在画面顶部边界得以回应——取自奥地利分离派最近期作品的灵感，尤其是奥托·瓦格纳（Otto Wagner）（见第 13 页），而塔楼和粗犷的塔身是波罗的海地区中世纪石砌教堂和城堡的民族意象表达。旁注雕刻字母的风格和金丝颜料的修饰，就像泥金写本一样，为这幅建筑画和这座建筑调制出中世纪的格调。

亚历山大·马尔塞（Alexandre Marcel）
（1860-1928年）

昂潘男爵宫（Qasr Al-Baron），赫利
奥波利斯，埃及开罗。透视图，大约
1907年

铅笔和彩色渲染

昂潘男爵宫（被戏称为"印度别墅"）从风格上来说基于柬埔寨和印度的寺庙建筑，由印度和东南亚历史风格大师亚历山大·马尔塞设计。

业主昂潘男爵是赫利奥波利斯的企业家创始人。他委托为自己建造一幢最壮观的住宅，距开罗中心区16公里（10英里），位于他创建的富裕的新城，这里主要居住着法国侨民。马尔塞为这个方案所绘的建筑画作

是一幅水彩画，表现了流行的法国东方主义学术传统，除了强调了法国对印度支那和埃及的统治之外，也展现出殖民主义对于在一个以穆斯林为主的国家采取印度风格的不适宜几乎视而不见的态度。

今天，漫步在这一处荒凉的、被废弃的宫殿门前的不再是骆驼队，就像马尔塞在画中浪漫地描绘的那样，而是往来于机场和郊区的喧闹的车流。

丹尼尔·哈德森·伯纳姆（Daniel
Hudson Burnham）(1846-1912 年)

"1909 年芝加哥规划"：美国伊利
诺伊州。从市民中心广场向西看的
鸟瞰图，1908 年

铅笔、钢笔和彩色渲染

丹尼尔·伯纳姆要重新将芝加哥塑造成一座
世界级城市的宏伟愿景，被称作"草原上的
巴黎"（Paris on the Prairie）。他与建筑师
爱德华·赫伯特·贝内特（Edward Herbert
Bennett）合作的规划方案基于（巴黎）美
术学院体系的理想，即道路轴线从公共建筑
放射出去。当这一方案于 1909 年发表时，
这张为新市民中心而绘制的鸟瞰图成为了著
名的意象——一种城市模板，在 20 世纪前
半叶极大地影响了整个美洲地区的城市规划
师。这一方案作为一种规划模型，直到 1925

年被勒·柯布西耶的格网上布置高层塔楼的
范式所取代，当时勒·柯布西耶发表了"伏
瓦生规划"（Plan Voisin）方案，在第二次
世界大战之后成为主导模式。

这张巨幅水彩画由詹姆斯·格林（James
Guerin）绘制，他是建筑领域的专业画家和
插图画家。这幅建筑画在制版印刷以便更广
泛流传时经过了修改，蓝绿色的渲染调子成
为橙色和棕色系，以更好地增进地平线上大
面积云团带来的暴风雨渐行渐远而产生的水
汽效果。

伊利尔·沙里宁（Eliel Saarinen）
（1873-1950 年）

议会大厦设计竞赛，芬兰赫尔辛基。
透视图，1908 年

钢笔、水粉和彩色渲染

我们常常可以看到建筑师最好的设计都是停留在图纸上的，即便是最伟大的建筑师。1908 年芬兰议会大厦获奖竞赛方案就是一个典型例子，这个设计常常被认为是沙里宁最成功的设计，在时间上紧接着他最著名的建成作品——赫尔辛基火车站。但是，议会大厦方案被沙皇尼古拉斯二世（芬兰在当时是俄罗斯的一个大公国）拒绝，理由是费用问题。也许是因为沙里宁的建筑极为宏伟，

芬兰人在紧随 1906 年议会法案之后，甚至越过了强烈的自治意愿。这一法案导致普选权，成立了新议会，取代较弱势的立法议会。

在这幅充满空气感的水彩画中，一抹黎明的曙光似乎在沙里宁设计的议会大厦屋顶升起，建筑师采用其最著名的绘画技术——钢笔混合彩色渲染，旋涡状长线条产生运动的涌动，在这幅画中，翻滚着涌向建筑。

阿斯顿·韦伯（Aston Webb）（1849-1930年）

海军部拱门，英格兰伦敦。从特拉法加尔广场看过去的透视图，带有插入的平面图，1909年

铅笔和彩色渲染

在这幅由罗伯特·阿特金森（Robert Atkinson）（1883-1952年）绘制的透视图中，赫伯特·勒·苏尔（Herbert Le Sueur）制作的查尔斯一世——国王及殉道者——的骑马像矗立在阴影中，面对着即将建成的海军部拱门，正如门楼中央镶板上雕刻的拉丁铭文所述，这是献给故去的维多利亚女王，时为她的儿子爱德华七世当政。拱门作为阿斯顿·韦伯设计的铁圈球场（Mall）街拓宽和美化项目的一部分，其作用是在白金汉宫和特拉法加尔广场之间开辟一条交通和游行的路径。

在英国事实上成为海上霸主的时期，这座建筑不仅成为凯旋门的象征，而且最具实用意义的是，也作为住宿之地，其中容纳了海军部急需的公务员办公室，以及海军第一军务大臣居住地。阿特金森在爱德华时期是建筑师中炙手可热的透视图画家，在第一次世界大战之后几年中他自己也成为一位著名的建筑师，为他自己的方案绘制了精美的建筑画（见第48页）。

杰拉尔德·卡尔科特·霍斯利（Gerald Callcott Horsley）（1862-1917 年）

圣斯威辛教堂（Church of St Swithun），英格兰伯恩默斯。立面彩绘装饰设计，1909 年

钢笔和彩色渲染

英国国教天主教派会众称颂尘世的礼拜仪式，将之视为对天堂的一瞥。对于这座位于富裕而斯文的伯恩默斯海滨度假区的教堂来说，杰拉尔德·霍斯利提供了一个代祷设计方案——一副彩绘的祈祷文。在木制的条凳座位和镶板上方墙壁上，他绘制了一条壁画组成的饰带，再向上是带有图案的墙壁，映衬在淡粉红色背景中。带有枝叶图案的绿色华盖和菱形装饰充斥着布满肋条的顶棚，横幅上写着"耶和华神是应当被称颂的"（Blessed be the Lord God）。

霍斯利的设计方案假使实施的话，会成为这座教堂墙壁上的手绘精华。这座教堂由其师傅——建筑师 R·诺曼·肖建造，霍斯利在 30 年前曾经是他的学徒。

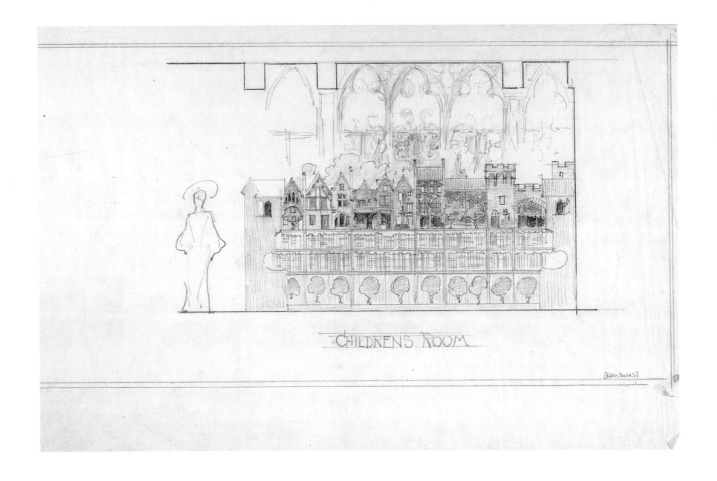

CHILDRENS ROOM

伯纳德·梅贝克（Bernard Maybeck）（1862-1957 年）

保罗·埃尔德（Paul Elder）书店，旧金山格兰特大街（Grant Street），美国加利福尼亚州。少儿部的立面，大约 1909 年

描图纸上铅笔和彩色渲染

伯纳德·梅贝克为保罗·埃尔德设计的、位于旧金山的第一家书店毁于众所周知的 1906 年地震。埃尔德搬到纽约，创办了出版社。但是，当这一事业在经济上证明不成功时，他又回到旧金山，再次委托梅贝克设计另一个书店。这次的风格更为浪漫，成为工艺美术运动的港湾，在这里他可以卖艺术品和陶瓷制品。在这幅建筑画中，少儿部的背景是书店的哥特式窗户，梅贝克设计的书架顶部是建筑立面的装饰性舞台造型，为这些生活在一座被毁坏的城市中的孩子们创造了一个童话世界。在 1921 年，当埃尔德再次搬迁的时候，梅贝克把原有的家具移到了新店中。

希哥德·劳沃伦兹(Sigurd Lewerentz)
（1885-1975 年）

斯德哥尔摩划船协会船库，动物园岛，瑞典斯德哥尔摩。透视图，大约1911 年

铅笔、彩色渲染和水粉

在这张带有强烈反光的画面中，一位舵手身体前倾，应和着他的划船队的划动。天空倒映在水面，向下方退晕的蓝色夹杂着点染，可能是用更深的蓝色以刷子刷成的。希哥德·劳沃伦兹绘制的这张充满空气感的水彩画，表现了他早期的一个小型设计委托。但是，这座船库的设计很重要，是为瑞典划船队参

加 1912 年在斯德哥尔摩举办的奥运会而建造的。在这届奥运会上，瑞典获得四人单桨有舵手划船比赛的银牌。水面的反射使得劳沃伦兹不仅要将方案画两遍，而且还是倒过来的图像。这座传统的北欧建筑采用木结构，但是呈流线型，带有一排排带形窗。现在斯德哥尔摩划船协会还在使用这座船库。

米歇尔·德克勒克（Michel de Klerk）
（1884-1923 年）

水塔及附属建筑的设计。透视图，带有插入的平面图，1912 年 12 月

铅笔、黑色蜡笔和彩色渲染

当米歇尔·德克勒克只有 14 岁时，荷兰著名建筑师爱德华·屈佩斯（Eduard Cuypers）到访了他所在的中学。屈佩斯对这个男孩的绘图能力印象极为深刻，当即就带他回自己的事务所，成为学徒。在接受训练之后，德克勒克很快就声名鹊起，作为一代阿姆斯特丹建筑师——所谓的阿姆斯特丹学派（Amsterdam School）的领袖。他广泛参与

了这座城市越来越多的重要建筑的设计。德克勒克设计的建筑特色是具有表现主义的形式。在这张精美的竞赛图中，有德克勒克首字母的交织图案，并标明日期是 1912 年 12 月。画面中高耸的水塔和具有装饰性的锅炉房，具有鲜明的雕塑感和表现性。在右上方的小巧的总平面图，表明塔楼如何与景观配置相得益彰。

彼泽·威廉·延森·克林特（Peder
Vilhelm Jensen-Klint）（1853-
1930 年）

圣保罗教堂，丹麦奥尔胡斯。立面图，
1913 年

铅笔和彩色渲染

P·V·延森·克林特曾经被认为有望赢得这座教堂设计竞赛，但是，他实际上只获得第三名。当时这一结果变得如此具有争议，以至于建筑委员会不得不废弃他们的选择，要求再一次竞赛。延森·克林特再次参加了竞赛，但是还是没有获奖。然而，在 1913 年，也就是延森·克林特第一次在奥尔胡斯竞赛失利的时候，他却赢得了哥本哈根管风琴教堂（Grundtvig's Church）的设计竞赛。他的设计方案得以建造之后，这座教堂被认为是当时最优美的斯堪的纳维亚建筑——一个壮观的表现主义建筑实例。

奥尔胡斯这座教堂的立面与哥本哈根教堂的非常相似：三角形叠砖就像是管风琴的巨大风管壮观地组合在一起，还有位于中央入口的唯一一扇门，以及采用的阶梯形山墙。

约瑟夫·霍内克尔 (Joseph Hornecker)
（1873-1942 年）

联合百货商店（Réunis Department
Store），法国埃皮纳勒。透视图，
1914 年

铅笔、彩色渲染和水粉

南锡这座城市是法国新艺术运动的中心，以拥有诸如玻璃制作大师艾米里·加利（Émile Gallé）这样的著名艺术家而自豪。当地百货商店店主欧仁·科尔班（Eugène Corbin）在这些奢华商品的委托和销售方面起了推波助澜的作用，他在巴黎开设了商店，在全法国都有分支机构。当地建筑师约瑟夫·霍内克尔设计了科尔班拥有的联合百货商店中邻近埃皮纳勒的分店。这幅精美的建筑画创作于建筑

竣工后十年，在衬板上刻着"由下面签名的建筑师绘制，巴黎，1914 年 7 月 24 日，J·霍内克尔"（*Dresse par l'architect soussigne, Paris, le 24 Juillet 1914*）。这个日期刚好是德国对法国宣战前一周，霍内克尔一定感觉到他正在标记的是一个现在看来飞快溜走的时代。这座大百货商店现在已经消失，当时留下的旧黑白照片，确实证明霍内克尔绘制的、带有彩绘装饰和铸铁顶饰的表现图就像建成的那样。

J·L·马蒂厄·劳沃里克斯（J. L. Mathieu Lauweriks）（1864-1932 年）
世界大战纪念公园。平面图，1915 年
方格纸上铅笔、彩色渲染和钢笔

J·L·马蒂厄·劳沃里克斯所做的这个假想设计，就像一朵异域情调的、鲜花绽放的剖面。这座公园是一处灵性的修行所，设计时期正是第一次世界大战涂炭生灵的时候。这位荷兰建筑师此时居住在德国，通过其神智学信仰来诠释这座纪念花园。作为一种灵性哲学，神智学在艺术家中非常流行，它从各种信仰中汲取道义，从东西方哲学中借鉴。劳沃里克斯甚至还精通梵语。在这张平面图中，带有祭坛的圣岛，伸入蓝色铅笔描绘的水面。这是一种有机概念设计，劳沃里克斯的哲学与整体论的原则是一致的，即认为这些蜿蜒的线条就是宇宙的能量，遍布所有的设计之中。

1914 – 1938 年

建筑画的现代主义试验

从 1914 年至 1918 年间的第一次世界大战带来的混乱激发了试验性的建筑特色。历史传统尽管从来没有消失，但在此时，突然受到热忱的年轻建筑师的挑战。他们梦想着一个勇敢的新世界：这是一个现代化的世界，与机器时代的技术相得益彰。而这些建筑师就是通过建筑画来做梦的。

在第一次世界大战结束、以及第二次世界大战爆发之间的岁月里，随着建筑学职业的成长、强化以及视觉交流手段的改进，尤其是印刷图像的发展，该领域内的团体、流行趋势和协会更迅速地形成。在意大利，就在这次大战爆发前几年，意大利未来派（Italian Futurists）——一群作家、画家、音乐家、设计师和建筑师——开始挑战处于主导地位的艺术与社会的正统观念。未来派建筑师的领袖是安东尼奥·圣埃里亚（Antonio Sant'Elia），他在短暂的职业生涯——终止于第一次世界大战的战场——中，创作了大批建筑画，展现了巨型体量的建筑以及未来主义的城市布局，他把这个系列称作"新城市"（La Città Nuova）（见第 32 页）。圣埃里亚是 20 世纪建筑学领域的一个重要人物，他从未建成任何重要的建筑物，其声誉全都在建筑画方面，这些空想的建筑成为日后的建筑师和建筑发展的灵感源泉。

1917 年的俄国革命引发对与帝国体制相联系的古典主义建筑的废除，而倾向于具有高度试验性的设计，以铸造社会主义的革命实体。先锋派构成主义建筑师以抽象造型来设计，产生了具有创新性的建筑，体现了强烈的运动和空间感。由于经济所限，他们总是采用廉价材料——尤其是木材，这种材料来源充足。他们的设计是简单的，但是都是三维的，与革命精神息息相关。亚历山大·罗德钦科设计的报亭，成为教育没有文化的农民阶级的宣传性雕塑（见第 46 页）。埃尔·里希茨基（El Lissitzky）为一个可移动的演讲平台所做的设计，可以像消防车的悬梯一样四处摇动，在技术上是创新的；在这幅画中还采用了新颖的照片拼贴，使人印象更为深刻（见第 75 页）。建筑师在为壮观的公共建筑而进行的设计竞赛中激烈竞争，大多数方案是服务于几乎还不存在的重工业和社区活动，产生了大量雄伟的现代主义设计，这一点从伊万·奥尼多夫设计的文化宫（Palace of Culture）入口（见第 111 页）和维斯宁兄弟设计的军需供给部大楼（Commissariat）（见第 123 页）中得到很好的表现。但是斯大林终止了建筑试验，以个人的喜好颁布法令回到古典主义，结果产生了令人印象深刻的、具有艺术品性质的设计，但是这些作品因循守旧，这一点从德米特里·切丘林的摩天楼建筑画中可以得到充分表现（见第 151 页）。构成主义作品的纸制版本在俄国的档案馆和收藏中一直处在被遗忘的角落，直到这个世纪末，后来几代人在研究这一领域时才再度发现，成为解构主义运动的灵感源泉。

带有更具民主特色的社会主义理想的建筑学也在这一时期形成，波及的国家包括英国、斯堪的纳维亚地区以及荷兰。荷兰学派由一系列充满活力的风格派团体组成，关注于现代主义发展，正如以下设计图中所表现的那样：杜多克为他设计的、著名的希尔弗瑟姆市政厅而绘制的精美透视图（见第 72 页），以及里特费尔德（Rietveld）为一座住宅和车库设计的施工细部图纸，这幅图展现了完全依据机械论的设计方法。

在欧洲，尤其是在德国，正在涌现的表现主义建筑师以纸上谈兵的乌托邦设计，走上近乎神秘主义的道路。这个组织被称作"玻璃链"（Die Gläserne Kette），或者叫"水晶链"，他们围绕在布鲁诺·陶特周围，以半宗教的方式探索与晶体形状的神圣性相关的建筑。这些成员创作了令人惊叹的设计，例如生物形态居所，就像赫尔曼·芬斯特林绘制的小型草图中所幻想的（见第 44 页），由瓦西里·路克哈特创作的、引人遐思的大教堂规模的寺庙（见第 51 页），以及汉斯·夏隆（Hans Scharoun）设计的谜一样的庙宇（见第 50 页和 145 页）。表现主义建筑师探索形式和造型中的艺术性，可能将这一点运用得最为著名的是埃里希·门德尔松，他以快速完成的小幅面铅笔草图精心描绘其设计理念的发展（见第 100 页）。

德国是现代主义的温床，是进步的包豪斯学校的发源地。这所学校的师傅、学生和追随者将要在整个 20 世纪影响设计与建筑学（见导言，第 6 页）。在包豪斯理念所播撒的种子中，绘图方面的试验——包括色彩理论、几何抽象和功能主义——在世界各地开花结果，成为建筑设计的规范。

科内利斯·范·埃伊斯特恩（Cornelis van Eesteren）和特奥·凡·杜伊斯堡（Theo van Doesburg）在其位于巴黎的工作室中，1923 年

凡·杜伊斯堡和曾经在柏林包豪斯的他的学生范·埃伊斯特恩首次合作，正在为即将到来的风格派展览准备模型和建筑画。挂在右边的轴测图是凡·杜伊斯堡设计的"反建造"（contra-constructions）系列作品之一（见第 65 页）。

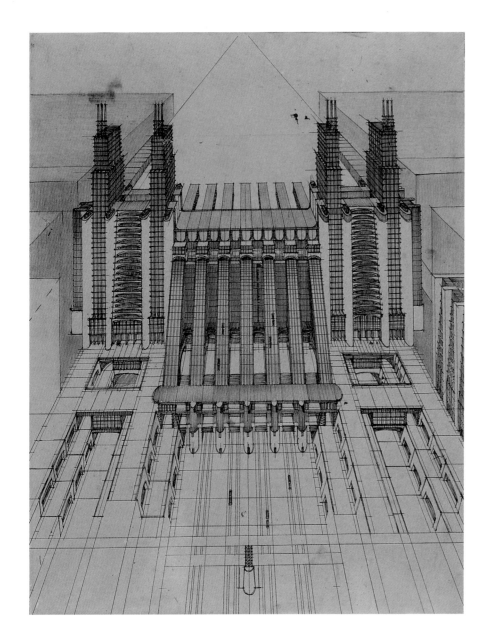

安东尼奥·圣埃里亚（Antonio Sant' Elia）（1888-1916年）

"新城市"（*La Città Nuova*）：飞机和火车的站台，三个街道平台带有索道和升降机。鸟瞰透视图，1914年

钢笔和铅笔画

安东尼奥·圣埃里亚将这一为1914年的展览而准备的系列空想建筑画命名为"新城市"。方案中的建筑物都是宏伟的；圣埃里亚想象这些建筑都连在一起，形成一个巨型城市聚合体，不像通常那样分为一个个居住单元和街区。在这张优雅的钢笔画中，长长的圆柱状轨道提供了铁路和航空之间的交通转换，这些轨道由索道状倾斜铁轨组成；两对小汽车正在沿着斜坡向上滑动。

Arch. ANTONIO SANT'ELIA
30-4-1888 - 10-10-1916

安东尼奥·圣埃里亚(1888-1916年)
对一座宗教建筑的研究，画面上还有一个士兵（也许是他的自画像）。透视图，1915年
钢笔和彩色渲染

这是圣埃里亚绘制的、极为令人动容的建筑画，他当时 26 岁，已经是意大利未来主义派建筑师的著名领袖，也是宣言式著作《未来主义建筑》(Futurist Architecture) 的作者，以及充满幻想的宏大城市景观艺术家（见对页）。他画了一个人物形象，可能就是他自己，穿着意大利军服，脚蹬高靴。在装军械的宽皮带之下，衣服下摆展开。他仔细注视着一

座教堂，这一作品既庄严又有亲切感，是仅仅在心灵内的、人迹罕至的场所，因为圣埃里亚是为战争服务的营部志愿自行车手。这名战士的目光也望着"1915"这个日期。再过一年，在沿着意大利和奥匈帝国掌管的斯洛文尼亚边境，圣埃里亚在被围困时的一次猛攻中丧生。这场战斗夺去了百万人的生命。

埃里希·门德尔松（Erich
Mendelsohn）（1887-1953 年）

卡尔·贝克尔（Karl Becker）别墅，
德国开姆尼斯。透视图，1915 年

水彩画

有些建筑画看上去就像未来的预言。埃里希·门德尔松在 1915 年设计了一座别墅，是这位建筑师在绘画时使用颜色方面的特例。这一表现主义建筑的曲线状外轮廓似乎伸展到十年以后。但是，在被战争摧毁的德国，这样的委托几乎不会再有了。门德尔松在 10 月匆忙结婚，然后在 12 月参军；他很快被派往俄国的东线，接着又被调动到法国的西线。

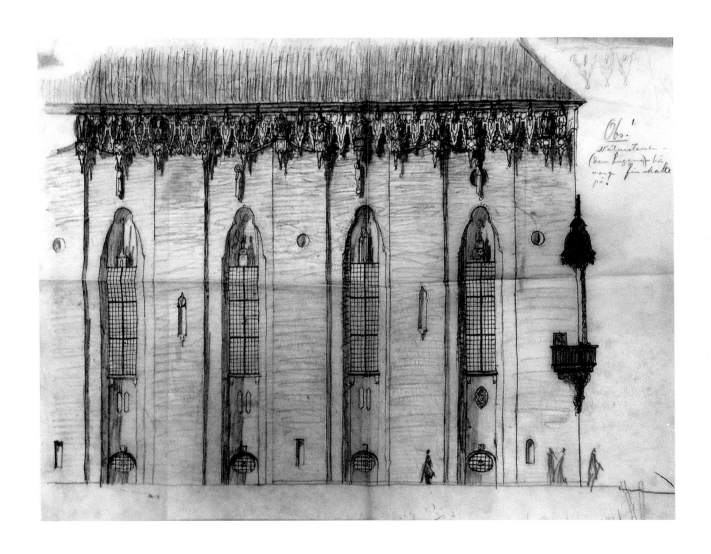

拉格纳·奥斯特伯格（Ragnar Östberg）（1866-1945年）

斯德哥尔摩市政厅，瑞典。东立面部分局部的初步设想，1915年

描图纸上铅笔、钢笔和红铅笔

甚至在斯德哥尔摩市政厅施工已经开始四年以后，拉格纳·奥斯特伯格仍然在随着这座建筑建造过程的开展、为新的设计细部绘制草图。在这张为东立面北侧部分绘制的图纸中，这位建筑师设计了成排的尖顶拱，这些细部将要被建造起来。然而，不论是像钟乳石一样的滴挂式檐口（在作者题字中，这位建筑师标记出这里应当用石材），还是转角处的讲坛，都不是最终的设计。红铅笔绘制的阴影表现了巧克力红色的砖块，从这些笔触可以看出建筑的巨大体量。这座市政厅于1923年建成投入使用。

阿道夫·艾宾克（Adolf Eibink）
（1893-1975 年 ）和 扬· 安 东
尼·斯内勒布兰德（Jan Antoine
Snellebrand）（1891-1963 年）

荷兰归正会教堂，荷兰埃尔斯豪特。
透视图，1916 年

铅笔画的照片

艾宾克和斯内勒布兰德在建筑学校里就相互
认识，他们的合作持续了 40 年，直到 1945 年。
其早期作品，就像这位于荷兰小镇上的教堂
设计，展现了他们对于当时表现主义建筑运
动的兴趣。在这幅竞赛建筑画中，教堂采取
有机形式，主体建筑就像甲壳动物，带有触

角似的入口、以及像尾巴一样张开的钟塔。
壳体是由钢筋混凝土制成，天窗就像爬虫的
鳞片。这张图是建筑画的照片。今天，因为
许多建筑画还没有来得及出版原作就已经丢
失，这类照片就成为唯一留存的视觉记录。

ZITKAMER VAN DEN HEER DES HUIZES IN HET LANDHUIS ST. HUBERTUS.

亨德里克·佩特吕斯·贝尔拉格
（Hendrik Petrus Berlage）（1865-
1934 年）

圣 胡 伯 狩 猎 住 宅（St Hubertus
Hunting Lodge），荷兰高费吕韦国
家公园。"住宅主人的起居室"透视
图，1917 年

铅笔和彩色渲染

在第一次世界大战期间，荷兰采矿和船运大
亨安东·穆勒（Anton Müller）由于获得政
府采购合同而财富剧增，使得他能够委托贝
尔拉格在他拥有的宽敞的乡村地产上建造一
座富丽堂皇的狩猎住宅。住宅就像一座小型
城堡，以纪念圣胡伯而命名，他是猎手的赞
助人，被誉为圣徒。这座建筑是一件总体艺

术品（Gesamtkunstwerk）。我们可以在这幅
表现穆勒书房的水彩画（带有首字母签名和
日期——"PB 17"）中看到，贝尔拉格设
计了所有的元素，从家具、灯具到嵌入在壁
炉周边缘饰中的钟。墙壁表面和格子顶棚覆
盖着釉面砖和瓷砖。

帕维尔·雅那克（Pavel Janák）
（1881-1956 年）

战争烈士纪念馆。透视图，1917 年

钢笔和彩色渲染

帕维尔·雅那克的建筑画没有表现任何结构——只有装饰性元素从空间中突出。在这位捷克立体主义（Czech Cubist）运动最著名的代表人物的诠释中，其采用的语言是巴洛克式的，檐口和呈片段的拱尺度巨大。雅那克坚持认为这是一种带有角度的平面，使

传统建筑由垂直和水平方向组成的线条充满能量感。在第一次世界大战期间创作的这个设计方案，被列为战争烈士纪念馆。它更像一座市镇住宅的正立面，带有位于中央的长窗、侧面的阳台和伸展出去的梁。

贝德日赫·福伊尔施泰因（Bedřich
Feuerstein）（1892-1936 年）

**一座教堂的西立面研究草图。立面图，
1917 年**

铅笔、钢笔和彩色渲染

建筑学领域的立体主义几乎就是仅仅在捷克
出现的现象，来自于对法国立体主义艺术造
型性（plasticity）的着迷。在 1917 年前后
几年间，建筑师贝德日赫·福伊尔施泰因绘
制了一系列对三角形立体主义建筑的研究草
图。通过发展这些几何形式，年轻的福伊尔
施泰因将建筑各个要素拆解成对角线形式。

在这幅对一座教堂的研究草图中，立面由互
相交叉的形状组成，一个巨大的十字形状成
为这一设计的中央支点。白色部分是建筑的
表面肌理，扶壁支撑着侧廊；屋顶采用传统
山墙，两侧是一对塔楼。红色的渲染强调了
门窗和开口。蓝色的渲染就像圣人头上的光
环，增添了景深。

罗伯特·马莱-史蒂文斯（Robert Mallet-Stevens）（1886-1945 年）
邮局的设计方案。透视图，1917 年
钢笔和红色渲染

在 1917 年至 1921 年期间，罗伯特·马莱-史蒂文斯为一座小镇创作了一系列公共建筑和商业建筑的理论化设计方案。这 33 幅画现在由巴黎蓬皮杜艺术中心收藏，马莱-史蒂文斯在 1922 年出版了《现代城市》（*Une cité moderne*）一书，其中 32 幅图版就是以这些建筑画为基础的。尽管每一幅画都是不同的建筑（市政厅、火车站、运动场馆、发电站等），但是在设计和表现中有着高度的统一感。每一张透视图都展现建筑物的正立面和部分侧面，以黑钢笔绘制，不加阴影。在画作原稿中，只有这一幅表现邮局的建筑画用了色彩——红色，这是为印刷制版而做的测试，每一个版面上都用红色来强调。

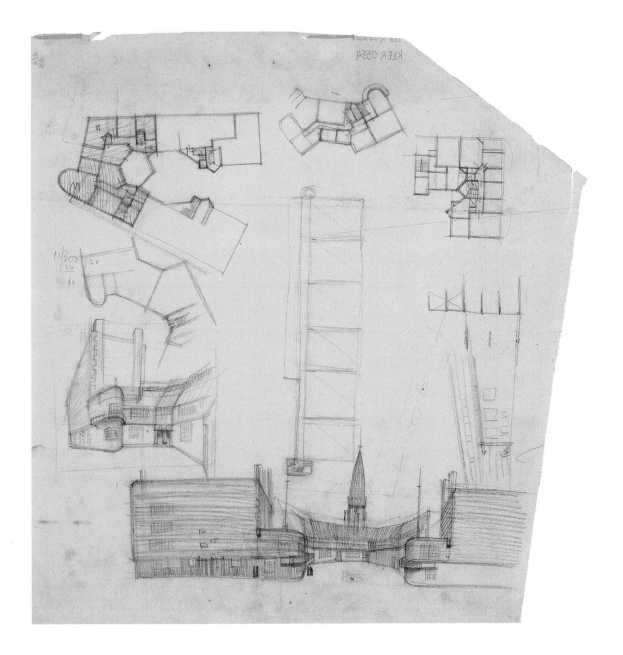

米歇尔·德克勒克（Michel de Klerk）
（1884-1923 年）

"舰"住宅开发项目，荷兰阿姆斯特丹。
透过庭院看的方案草图，1917 年

描图纸上黑色和红色粉笔

"舰"（Het Schip）是荷兰第一批社会住宅开发项目之一，建造在阿姆斯特丹一个工人阶级邻里单位。方案中独特的尖塔尽管纯粹是装饰性的，没有任何功能目的，但是成为阿姆斯特丹学派（见第 26 页）的象征。在

这幅草图中，建筑师米歇尔·德克勒克已经接近最终的设计方案。沿着这张纸的底部，塔楼和尖顶被公寓建筑组成的庭院所环抱。红色粉笔代表传统建筑材料——砖和挂瓦。

菲利普·蒂尔登（Philip Tilden）
（1887-1956年）

牛津街塞尔福里奇百货商店
（Selfridges Department Store）塔楼，
英格兰伦敦。透视图，1918年

钢笔画

塞尔福里奇是伦敦牛津街上最具声望的百货商店，于1905年开张营业。第一次世界大战刚刚结束后，美国企业家戈登·塞尔福里奇（Gordon Selfridges）就在考虑在这座百货商店的屋顶上加建一座塔楼。塞尔福里奇在里茨饭店会见了上流社会建筑师（society architect）菲利普·蒂尔登，他们共进午餐，席间委托他设计一座位于亨吉斯伯瑞海岬的占地巨大的城堡，俯瞰沿着多塞特海岸的英吉利海峡，同时委托的还有这座令人惊奇的构筑物，这很有可能与塞尔福里奇一直积极参与的共济会的象征和寓言有关。但是，这两座建筑都终成泡影。

这座塞尔福里奇塔楼利用现有商店的柱廊立面作为古典形式的基座，其耸立的形象以蒂尔登的解释是表现了曾经一度雄伟的、位于哈利卡纳苏斯的摩索拉斯陵墓残迹，这是古代世界七大奇迹之一。蒂尔登的设计以揭示摩索拉斯王（Mausolus）[这正是陵墓（mausoleum）一词的由来]纪念陵墓考古发掘报告为依据。摩索拉斯王是这座城市的国王和缔造者。塔楼矗立在一组台阶上，两侧是狮子，塔楼由雕像作为装饰，围绕着纤细的柱子。顶部是一座敞篷双轮马车雕像，车上是摩索拉斯王和王后阿尔特米西亚（Artemisia）。

汉斯·珀尔奇希（Hans Poelzig）
（1869-1939 年）

音乐厅，德国德累斯顿。室内透视图，
1918 年

描图纸上彩色蜡笔

汉斯·珀尔奇希的建筑画常常看上去像是建筑正在着火。珀尔奇希绘画时利用蜡笔边缘，其草图技能是充满活力的，带着强烈的自发感。珀尔奇希着迷于剧场设计，不仅仅设计舞台布景，也设计剧场建筑。他在绘制这幅作品时，正在担任德累斯顿城市建筑师。这座音乐厅尽管没有实施，但是其室内与他著名的建成作品柏林大剧院（Groβes Schauspielhaus）是相似的。在画这张图的时候，柏林音乐厅还是在图板上的方案。

赫 尔 曼 · 芬 斯 特 林（Hermann Finsterlin）（1887-1973 年）

祈祷屋（上）和博物馆（下）。透视图，1919 年

粉色纸上铅笔和彩色渲染

在第一次世界大战后经历了混乱的几年，赫尔曼·芬斯特林为小型表现主义建筑创作了无与伦比的设计方案，这些设计作品接二连三地呈现，常常是成对的，就像这一页所展现的那样。这个球根状容器（上）带有彩色玻璃条形窗，表明这是一座宗教建筑。作者的题字写着"祈祷屋"（*Haus der Andacht*）。下图的博物馆设计更具有神秘主义色调。

像芬斯特林这样的创新者几乎总是不可避免地被称作"空想建筑师"（fantasy architects），而他们的设计就叫做"空想建筑画"（fantasy drawings），这暗示着他们的想法无非是白日梦。就这一点而言，有时

是对的，但是在这幅图中芬斯特林对于上面那座建筑的建造材料是严谨的，他标明了"红色砂石"（*Roter Sandstein*）和"表层覆盖斑岩板材"（*Porphyrplattendeckung*）。斑岩是大型结晶状火山岩，之所以吸引着芬斯特林，因为他是"水晶链"团体的一名成员。在他设计的建筑室内，芬斯特林写道："人们不会感觉到他们是童话中水晶腺的囚徒，但是就像居住在有机体内一样，从一个器官漫步到另一个器官：一个巨大的化石子宫的给予和接受的共生"（引自云特·福伊尔施泰因（Günther Feuerstein）的《生物形态建筑》（*Biomorphic Architecture*），2002 年，第 73 页）。

.Ricerca dei volumi di un edificio isolato.

弗吉里奥·马奇（Virgilio Marchi）
（1895-1960 年）

"在一座分崩离析的建筑中寻找
体 量 "（ *Search for Volumes in a Detached Building* ）。透视图，大约
1919 年

铅笔和彩色渲染

在这张建筑画靠近右上角之处，弗吉里奥·马奇标注了主题："在一座分崩离析的建筑中寻找体量"（ *Ricerca dei volume di un edificio isolato* ）。在探索动态的、充满体积感的建筑过程中，马奇追随着心目中未来主义英雄——建筑师安东尼奥·圣埃里亚（Antonio Sant'Elia）（见第 32 页）——的步伐，后者在 1916 年死于战场。马奇这幅画中所呈现的构筑物，对古典主义建筑所采取的矩形形式这一主流文化置之不理，而呈现出一种雕塑形式，对体量的排布具有锯齿形动态。尽管只是推测的作品，但是这座建筑像漩涡一样的平台和楼梯是布置在拱和扶壁上的，因而是可以建造出来的。

亚历山大·罗德钦科（Alexander Rodchenko）（1891-1956年）

报亭设计方案。立面图，1919年

钢笔和彩色渲染

"攻克"（Down）——是"攻克文盲"（Down with illiteracy）的简称，这是刚刚革命后的俄国教育成年人识字的战斗口号，印在这座小巧的报亭的一片大型红色布告板上，布告板连接着挂着钟的旗杆。当亚历山大·罗德钦科绘制这幅画的时候，刚刚加入"雕塑与建筑结合"（Sculptural and Architectural Synthesis）这一集体，当时他正在探索几何设计，这一点受到当时至上主义（Suprematist）艺术家领袖卡西米尔·马列维奇（Kazimir Malevich）的着色构成图的影响。这座报亭将被建成为一个实用的抽象雕塑，一种平面几何造型的建构。那个棱角分明的人物形象，胳膊底下夹着报纸，戏谑地模仿着这座建筑。

皮耶罗·波尔塔卢皮（Piero Portaluppi）
（1888-1967 年）

水力发电站涡轮机车间，意大利莫拉雷。室内透视图，1920 年

描图纸上钢笔和彩色渲染

尽管皮耶罗·波尔塔卢皮在两次世界大战期间的意大利，以设计最优雅的别墅和室内而闻名，但是他也设计了数十座水力发电站。在那样一个机器被兜售成解决所有社会弊端的工具的年代，这张画所显示的、在波尔塔卢皮设计的建筑与涡轮机之间的关联，似乎成为激进的现代主义。尽管莫拉雷发电站到 1924 年才开始发电，但是波尔塔卢皮设计

的花哨的装饰并没有被接受。然而，顶棚的结构形式还是建造出来了；波尔塔卢皮尤其喜爱有肌理的顶棚，例如在米兰的堪皮里奥别墅（Villa Campiglio）（1932-35 年）图书室中的顶棚，这是他最著名的住宅设计，目前开放给公众参观。在 1938 年 7 月 4 日当大坝决堤的时候，莫拉雷发电站被冲走了，只留下涡轮机被锚固在现场。

罗伯特·阿特金森（Robert Atkinson）
（1883-1952 年）

摄政电影院（Regent Cinema），
英格兰布莱顿。室内透视图，大约
1920 年

铅笔和水粉画

罗伯特·阿特金森是一位杰出的绘图大师。在第一次世界大战前，其早年职业生涯的大部分是为其他建筑师绘制建筑画（见第 22 页）。但是，在 1913 年，阿特金森设计了英国最早期的一座影剧院——位于爱丁堡的新电影院（New Picture House），使他得以承担位于布莱顿的摄政电影院的设计委托。摄政电影院在 1921 年正式营业的时候，是这个国家规模最大和最奢华的影剧院，可容纳 2200 名观众，以拥有一座冬景花园和一间大型餐厅而自豪。阿特金森曾经到美国学习过刚出现的电影院，这些电影院都拥有精美的室内装饰。所以，位于布莱顿的摄政电影院的出现，以其辉煌的陈设，成为英国战前建成的、爱德华时代众多带舞台的剧场的竞争者。当时电影还是默片，银幕如此之小，以至于在这张透视图中，阿特金森避免表现银幕，将银幕与大量垂直线条的悬垂幕布挂在一起，使其看起来大一些。他用画家沃波尔·钱普尼斯（Walpole Champneys）绘制的饰带强调了舞台的台口拱。这幅画展现的是舞者嬉闹着涌向中央的、穿着古董服装的人物，呈现了嘉年华的欢乐气氛。

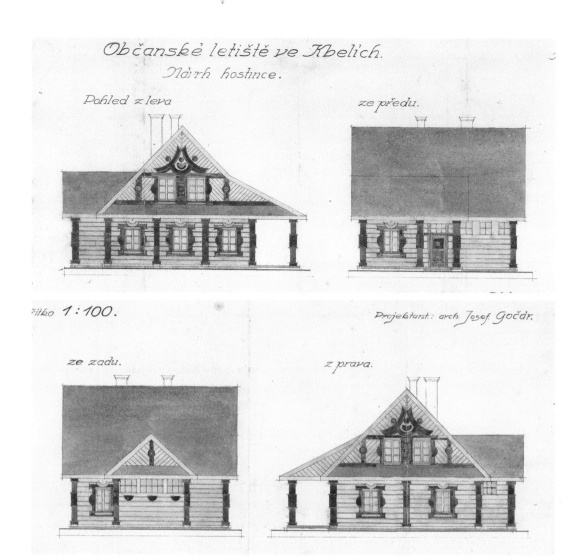

Občanské letiště ve Kbelích.
Návrh hostince.

Pohled z leva   ze předu.

měřítko 1:100.   Projektant: arch. Josef Gočár.

ze zadu.   z prava.

约瑟夫·戈恰尔（Josef Gočár）
（1880-1945 年）

小旅馆和管理者住宅，捷克共和国克
贝利机场。侧立面和入口立面的细部，
1920 年

版画上加彩色渲染

这些图是一张带有平面图、剖面图和全部四个立面的大图的一部分，是为布拉格第一座民用机场而设计的小巧而迷人的旅馆和管理者住宅。这不仅是为一座机场用房而设计的非常早期的建筑设计方案，而且这座房子建成了，并且仍留存到今天，在一个新的基地中重建起来。

就在绘制这幅画的不到十年前，建筑师约瑟夫·戈恰尔曾经创作了捷克立体主义

（Czech Cubist）风格最著名的作品——黑色圣母之屋（Black Madonna）——位于布拉格的一家百货商店。他设计的机场建筑融合了捷克立体主义——常常受到巴洛克装饰元素的启发——以及采用本地木材建构的乡土建筑的简朴特色。装饰元素运用在装饰性板材和带凸环的柱子上。这座建筑身穿民族制服——红蓝白是捷克国旗的颜色——这与今天航空公司成为国旗载体的方式差不多。

汉斯·夏隆（Hans Scharoun）
（1893-1972 年）
建筑空想画。透视图，大约 1920 年
铅笔和彩色渲染

这幅由汉斯·夏隆创作的空想画，因其展现的爆炸性的美感和宗教暗示，而总是呈现出强烈的吸引力。人们可以通过画面中具有冲击力的笔触感受到创作的动作，这是热烈而坚定的信仰展现的瞬间，因为夏隆表现了一座具有超自然力量的建筑——"城市之冠"（*Stadtkrone*）。这座皈依新信仰的大教堂布置在所处的小镇上方，表现了建筑可以改造社会秩序。夏隆的工作与瓦西里·路克哈特（Wassili Luckhardt）的"劳动纪念碑"

（*Monument to Work*）（对页图）都依循同样的表现主义风格。夏隆也是"水晶链"建筑师团体的一分子，他们围绕在布鲁诺·陶特周围，后者于 1914 年曾经设计了位于科隆的德意志制造联盟展览中令人称赞的玻璃展馆（Glass Pavilion）。夏隆设计的乌托邦建筑与这座展馆非常相似，通过玻璃穹顶散发着烈焰一样的光芒，这一效果通过层叠拱券得以加强，就像扣在一颗戒指座上的钻石。

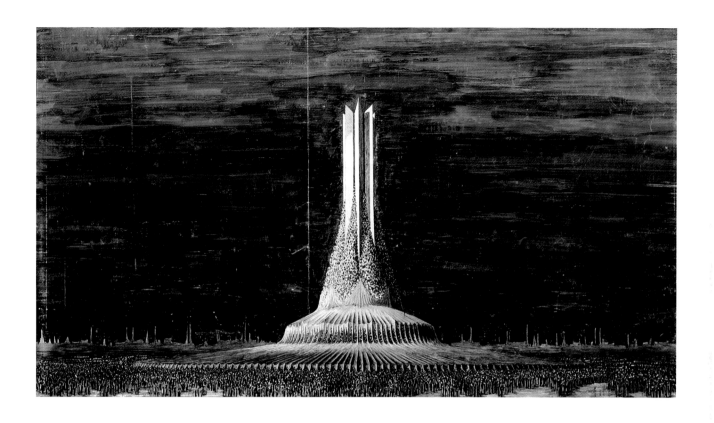

瓦西里·路克哈特（Wassili Luckhardt）
（1889-1972 年）

"劳动纪念碑"（Denkmal der
Arbeit）。透视图，大约 1920 年

棕色卡片上钢笔和彩色渲染

在漆黑的夜幕中，一大群朝圣者聚集在一座高耸的神殿周围。瓦西里·路克哈特的这幅建筑画于 1920 年首次以一张小幅黑白照片的形式，在题为《建筑的召唤》（Ruf zum Bauen）的小册子中复制出版。但是，它成为一群建筑师组成的"水晶链"团体最引人注目的图片之一。这个组织与布鲁诺·陶特紧密关联，他所着迷的信仰认为，玻璃建筑具有改造人类的特征。这幅画的标题是"欢乐颂"（An die Freude）（劳动纪念碑），似乎描绘了一座石材或混凝土建筑，带有棱纹的触须蔓延开来，还有像泡沫一样的红色玻璃窗。这本路克哈特撰写的书中另外两幅画也是一脉相承，他称之为"崇拜建筑"（cultbau）。

汉斯·夏隆（1893-1972年）
建筑空想画。透视图，大约1920年
铅笔和彩色渲染

由于竞赛规则要求建筑师采用匿名方式，他们在参与斯德哥尔摩音乐厅设计竞赛时选用化名。伊瓦尔·藤布姆在这幅获奖建筑画中以"红心"（Det Röda Hjärtat）这一标语为签名，同时还画了一颗红心（右下角）。这座建筑外观宏伟，但朴素无华，室内就像藤布姆这幅精致的彩色建筑画所展现的，追随轻盈的新古典主义主题，令人印象深刻，使人想起古希腊剧场外薄雾缭绕的氛围。顶棚以蓝色轻描淡写，就像万里无云的天空；舞台后面开敞的石柱廊吸引着观众视线，产生连续空间的假象。浅蓝灰色柱子排列在杏黄色背景中，顶部是金色柱头和藻井。这座大厅在20世纪70年代经过改造，这次改造可谓是采取了强硬措施，彻底消除了古迹式的背景。现在这座大厅因成为年度诺贝尔奖颁奖典礼场所而闻名于世。

约瑟夫·瓦戈（Joseph Vago）
（1877-1947 年）

别墅设计。花园入口的透视图，
1920 年

钢笔画

出生于特兰西瓦尼亚的约瑟夫·瓦戈当时刚刚从祖国匈牙利到达罗马，他创作了一系列别墅设计的建筑画，似乎是为出版而作。在布达佩斯特，第一次世界大战之前，年轻的瓦戈就已经借助许多分离派风格的建筑而使自己出名，这些建筑作品深受维也纳建筑师的影响，例如奥托·瓦格纳（Otto Wagner）和约瑟夫·霍夫曼（Joseph Hoffmann）。这

幅具有艺术鉴赏价值的钢笔画，也表现出受到分离派艺术家绘画的影响，如古斯塔夫·克里姆特（Gustav Klimt）。与其说这是一个建筑设计，还不如说是装饰的展示，画面中那位妇女的服装、花园地砖、金属大门格栅、卵石点缀的曲线墙、以及浓墨重彩雕刻的柱子上的图案，都和谐地交织在一起。

ASPLUND, GUNNAR. ARCHITECT. STOCKHOLM.

PUBLIC LIBRARY, STOCKHOL

Stockholm d. 29 dec. 1921

古纳尔·阿斯普朗德（Gunnar Asplund）（1885-1940 年）

城市图书馆，瑞典斯德哥尔摩。圆形阅览室的透视图，1921 年 12 月 9 日

纸上钢笔画，裱在图板上

在这座古纳尔·阿斯普朗德设计的斯德哥尔摩城市图书馆著名的阅览室中，书脊以黑白相间的方式沿着墙面的弧线排列，就好像是建筑肌理的一部分。在阿斯普朗德绘制的这幅钢笔画中，从这个角度看，他使读者从标高更低的底层进入这座宏伟的圆形大厅；楼梯墙面的白色使整个画面的形式呈现不同寻常的"T"形。在当时，设计处于早期阶段——该项目又用了将近十年才建成——阿斯普朗德提议建造一个穹顶，但是，屋顶最后建成平面鼓形。

54

彼得·贝伦斯（Peter Behrens）
（1868-1940 年）

赫斯特公司（Hoechst AG）技术管理大楼，德国美因河畔法兰克福。入口大厅透视图，大约 1921 年
描图纸上彩色蜡笔

彼得·贝伦斯在工业设计方面的声誉是当其为赫斯特公司设计这座大楼时建立的，该公司是一家化学公司，以制造染料起家，后来扩展到制药业。在第一次世界大战前，贝伦斯是德国通用电器公司（AEG）的顾问，通过新的图像为其创建了企业标识系统，设计产品的范畴从钟到开水壶，并且在柏林设计了著名的透平机制造厂。他为赫斯特公司设计的这座管理办公大楼采用砖建造，风格活泼而具有表现主义风格。这张草图设计展现了位于八角形天窗之下的入口大厅像波浪一样的砖砌工艺。其表面是彩色的，表明这些砖将被涂上贝伦斯设计的色彩体系，即在基座部位是蓝绿混合色，随着高度上升，转变为橙黄色系。因此，底层墙面成为五彩缤纷的帷幕折叠成的图案，从视觉上强调这家公司在生产用于纺织品的合成染料方面的商业成功。

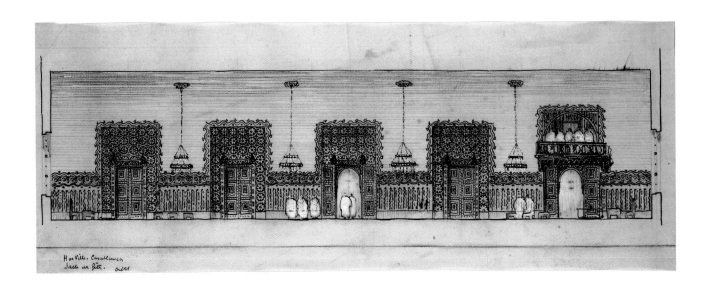

H de Ville. Casablanca
Salle des fêtes.

约瑟夫·马拉斯特（Joseph Marrast）
（1881-1971 年）

**市政厅，摩洛哥卡萨布兰卡。"庆典
大厅"（*salle des fêtes*）剖断立面**
描图纸上黑色和红色钢笔以及水粉

以黑色和红色钢笔表现的装饰主题，沿着这
张长长的描图纸不断重复，为"庆典大厅"
赋予图案化的风格。这是约瑟夫·马拉斯特
为卡萨布兰卡第一座专门建造的市政厅而设
计的庆典大厅和主要开间。这个角度不仅仅
是立面：外墙以剖断面表示，每道墙都有开

窗。尽管马拉斯特在绘制这幅摩尔式风格的
钢笔画时居住在巴黎，他也是刚从摩洛哥回
来，之前他以建筑师身份在法属摩洛
哥待了很长时间。然而，这个委托任务后来没有交
给他；当地舆论更倾向于选择在摩洛哥执业
的建筑师。

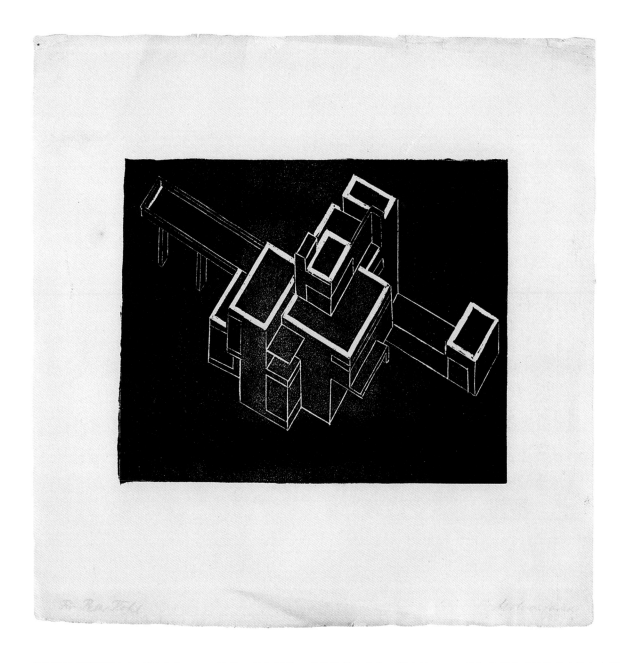

法尔卡斯·莫尔纳（Farkas Molnár）
（1897-1945年）

"建造"（*Konstruction*）。轴测图，
1921年

麻胶版画

这是一幅包豪斯二年级的学生作业。将油地毯作为一种浮雕表面来制作建筑画的版画，是极为创新的，从这个例子中可以看出在包豪斯所倡导的艺术、设计与建筑之间的交叉融合。"建造"标题表明这是对形式的探索，而不是当时常规建筑学校以某种历史风格设计一个特定类型的建筑作业。但是，这幅"建造"绘画是当时的学生法尔卡斯·莫尔纳设计的一座别墅，采用了互相咬合的立方体，以大胆的白色线条强调了矩形的原型。莫尔纳在完成包豪斯学习之后，回到祖国匈牙利，成为一名重要的现代主义运动建筑师，设计了类似集装箱体块的住宅项目，与这幅版画中的方案很相似。

保罗·格勒施(Paul Groesch)
(1885-1940年)

教堂西立面研究草图。立面图,大约1921年

钢笔、彩色渲染和水粉

与德国表现主义相关联的强烈情感,可以从保罗·格勒施的生活、艺术与建筑作品中看到。格勒施的精神体质十分脆弱,常常需要精神科护理。他从信仰天主教和绘画、制图中寻求慰藉。他创作了大量宗教作品,许多都是空想建筑。在1920年前后几年,格勒施成为"水晶链"团体的成员,这是由志同道合的建筑师组成的松散的协会,彼此之间交流观念和设计。这幅教堂建筑画充满戏谑色彩,是受巴洛克风格启发的、精美而不具实用价值的作品。画面上,柱子越接近低处越细,小尖塔像火焰一样翻腾。

在1934年,格勒施被纳粹政府监禁在一座精神病疗养院,不允许他绘画和制图。随后在1940年将他谋杀。

托尼·加尼耶（Tony Garnier）
（1869-1948 年）

特罗卡德罗广场战争纪念馆，法国巴黎。室内透视图，1921 年

钢笔和铅笔绘画

托尼·加尼耶在第一次世界大战后，在其故乡里昂市设计了几座战争纪念馆，他在这座城市担任首席建筑师。但是，这座纪念碑性质的坟墓并没有完成，原先的设计构想是，建成后能够统帅巴黎的特罗卡德罗山。这座建筑假使建成，将取代过时的、建于半个世纪前的特罗卡德罗宫展览建筑。这座纪念碑所处位置的提示，就是右边开敞门道中可以瞥见的埃菲尔铁塔拱形基座。

加尼耶在这幅画中展现了对于透视、建筑设计和绘图技巧的熟练程度，这是源自他在罗马接受的学术研究训练。画面中笔触密集，准确的投影法表现在阳光穿透柱子和开敞的屋顶、洒在墙面上和印有法国参与的战役名称的铭刻上。画面采取的低视角，将消失点设在高于头顶的位置，使这座纪念建筑底层大厅更显宽敞，未经装饰的柱子更为高耸。在底层中央放置的坟墓强化了构图。一束来

文策尔·哈布利克（Wenzel Hablik）
（1881-1934 年）

泽特杰墙纸展厅，德国伊策霍。室内
透视图，1921 年

卡片上钢笔、铅笔、水粉和水彩画

因文策尔·哈布利克设计了成排的墙纸展板、以及所有的着色室内表面，这成为一件"总体艺术品"。亚历山大·泽特杰（Alexander Soetje）的批发展厅位于德国北部小镇伊策霍。哈布利克从维也纳和布拉格学成归来以后于 1907 年在这里定居。哈布利克是一位画家、建筑师、手工艺师傅和设计师，他深入研究了色彩理论，尤其是威廉·奥斯特瓦尔德（Wilhelm Ostwald）的作品，后者于 1916 年出版了非常具有影响力的研究著作《颜色入门》（The Colour Primer）。在这间展厅设计中所呈现的色调的浓烈程度是极为震撼的，这一点常常可以从哈布利克这一时期绘制的空想建筑油画中看到，当时他与"水晶链"团体有联系。

THE CHICAGO TRIBVNE COLVMN

阿道夫·路斯（Adolf Loos）（1870-1933 年）

《芝加哥论坛报》擎天柱，美国伊利诺伊州芝加哥。透视图，1922 年

当时拍摄的建筑画（现已丢失）的六张照片拼接

这就是建筑画的不稳定特征，甚至最著名的画作也会丢失，只能通过杂志和书籍中的复制品来了解。阿道夫·路斯这幅参加 1922 年《芝加哥论坛报》大厦设计竞赛的作品几乎可以说就是这样的例子，但是也不完全是。尽管大家看到的是建筑画的复制品，原作似乎没有保存下来；然而，路斯在将这件作品寄往美国之前，在位于维也纳的事务所中为这幅画作拍摄了照片。这幅建筑画尺寸如此之大，以至于必须分成六个部分拍照。尽管作品在竞赛中没有获得成功，但是这幅采取巨大的多立克柱式坐落在基座上的形式，表现摩天楼的精灵古怪，使之成为流传经典，并且在 20 世纪末后现代时期特别受欢迎。

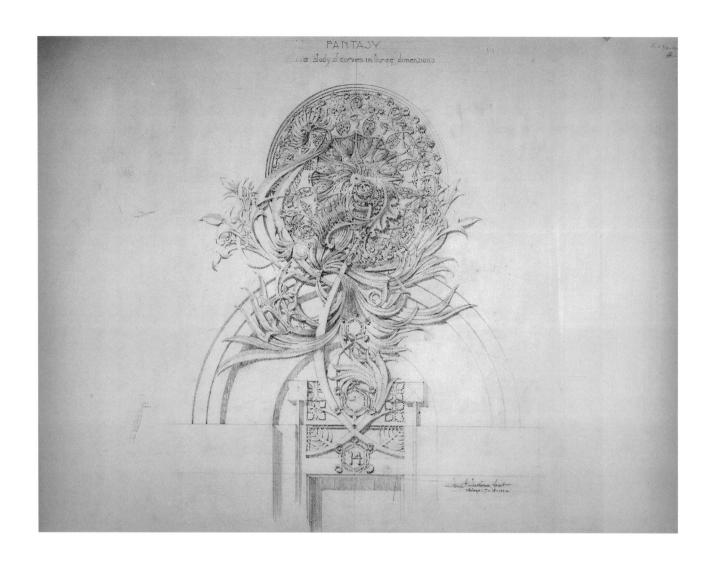

FANTASY
...a study of curves in three dimensions

路易斯·沙利文（Louis Sullivan）
（1856-1924 年）
"幻想画：曲线的三维研究"
（*Fantasy: A Study of Curves in Three Dimensions*），1922 年 7 月 18 日
铅笔画

据说甚至还是在孩童时期，路易斯·沙利文就像小神童一样擅长绘画。在其生命行将结束之际，他已是垂暮之人。他开始绘制著名的铅笔画：于 1922 年出版的 20 幅画作，取名为《建筑装饰体系》（*A System of Architectural Ornament*）。这幅画是系列中第 14 号，14 这个数字出现在画面底部的滴坠形状内。沙利文从 19 世纪 80 年代开始就

一直在创作这种带有叶形装饰的图案，通常用于他设计的摩天楼大型陶土装饰构件中。为了达到这幅画标题所表达的三维效果，沙利文利用了软硬铅笔之间的对比，以及阴影线条的刻画。这幅画纸张非常大，高度将近762 毫米（30 英寸），从右上角非常小的字体注释中，我们知道这幅画花去沙利文 5 天的时间完成设计，并用了 7 天的时间来绘制。

古纳尔·阿斯普朗德（Gunnar Asplund）（1885-1940 年）

斯堪的亚电影院（Skandia Cinema），瑞典斯德哥尔摩。观众厅后部的透视图，1923 年

水粉画

为了渲染出斯堪的亚电影院夜晚嘉年华的气氛，古纳尔·阿斯普朗德设计了着色的天鹅绒表面材质，浓烈的橙红色与筒形穹顶顶棚那深蓝色形成鲜明的对比，吊灯采用球形，看上去像行星一样。这幅建筑画由艺术家埃里克·耶克（Erik Jerke）绘制。从这个角度看，观众厅几乎满座，边座有包厢，后部有一层层的看台。超过 850 名的观众正在等待默片的放映，尽管这座电影院的确拥有自己的管弦乐队，后来又增添华丽兹（Wurlitzer）剧院管风琴，使乐队更具规模。

约热·普雷契尼（Jože Plečnik）
（1872-1957 年）

摩拉维亚堡垒的柱子，捷克共和国布拉格城堡。几个可供选择的立面（细部），大约 1922 年

钢笔和铅笔画

约热·普雷契尼为建造在布拉格城堡花园平台上的纤细柱子设计了三个方案。这种修长的柱子就像雕像一样，高达 12 米（39 英尺 4½ 英寸）。中间那个方案被建成，但是去掉了顶部的鹰和小球，保留了一个镀金球。所有这些方案都体现出普雷契尼最喜爱的柱式——爱奥尼柱式。这种从古希腊形式当中衍生出来的特点，体现了建筑师与民主发源地的关联，这正是 1920 年新

成立的捷克斯洛伐克民主政府委托他进行设计的重要潜在原因。这个任务就是对古老的布拉格城堡进行修复、统一和修缮，使之成为这个国家从分崩离析的奥匈帝国中独立出来的象征。普雷契尼作为布拉格城堡首席建筑师工作了 15 年，设计的建筑细部多样，从方尖石塔到楼梯都在其中，所有优雅的细部都采用他独特的新复兴样式（Neo-Grec）的现代主义风格。

特奥·凡·杜伊斯堡（Theo van Doesburg）（1883-1931 年）

"反建造"（Contra-Construction）：
私人住宅方案。轴测图，1923 年

钢笔和水粉画

荷兰艺术家特奥·凡·杜伊斯堡以原色和抽象形式创作的绘画，是他探索艺术与建筑中基本色彩和谐的部分成果。在这幅为一座住宅设计的假想方案中，他与建筑师科内利斯·范·埃伊斯特恩（Cornelis van Eesteren）（见第 74 页）合作，后者是《风格》（De Stijl）杂志的创办者，这也成为这一运动的名称。这幅建筑画采用轴测投影画法，使各个面的垂直和水平造型都漂浮在空中。凡·杜伊斯堡创作了他称之为"反建造"的不同版本。这幅建筑画似乎在 1923 年至 1924 年期间被选入风格派团体的一系列展览中。这些展览首先在柏林举办，然后到巴黎、魏玛和汉诺威巡回展出，最终又回到巴黎入选另一个展览。

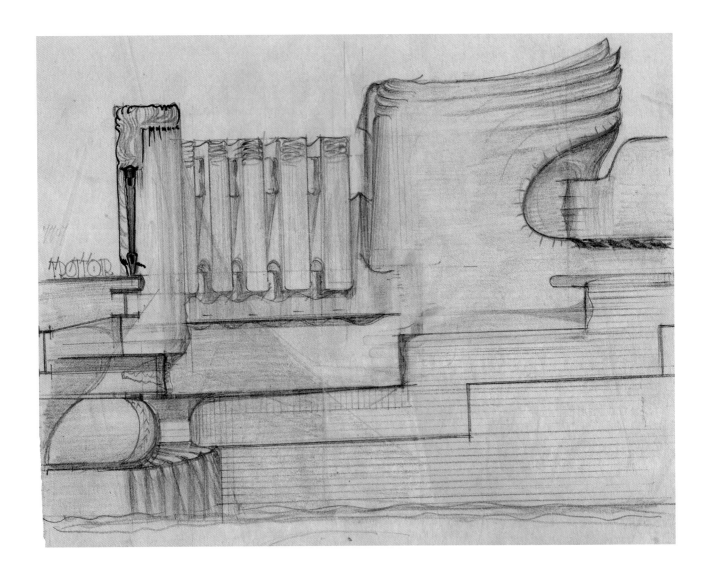

皮特·克拉默（Piet Kramer）（1881-1961 年）

辛厄尔运河上的莱登广场桥（Leidseplein Bridge），荷兰阿姆斯特丹。桥墩立面草图，大约 1923 年

描图纸上铅笔、红色蜡笔和钢笔

皮特·克拉默在 1917 年和 1928 年期间为阿姆斯特丹公共工程建设部（Amsterdam Department of Public Works）创作了大约 400 座桥。克拉默设计的这座莱登广场桥跨越辛厄尔运河，正对着威廉·克罗姆胡特（Willem Kromhout）设计的美洲旅馆（见第 11 页）。这座桥跨度不大，但是足够宽敞，可以容纳繁忙的交通流线，包括行人、自行车、有轨电车、公共汽车和摩托车。这些车辆都有各自分开的车道，并且与人行道分开。在这座桥的四个角落，建筑师设计了带有雕刻的桥墩。在这张初步设计方案中，红色蜡笔代表灼热阳光的反射，使这种极具风格的造型更为突显。当表现主义雕塑家约翰·波莱（Johan Polet）完成这些雕塑时，这种带有翅膀的形象获得了怪诞的脑袋，这样就变成了水怪。

埃德温·鲁琴斯（Edwin Lutyens）
（1869-1944 年）

牺 牲 者 纪 念 碑（Memorial to the
Missing），法国圣康坦。仰视透视
草图，大约 1923 年

抬头纸上钢笔和红色蜡笔画

埃德温·鲁琴斯爵士在其位于伦敦安妮女王门（Queen Anne's Gate）的事务所（电报挂号是"Aedificavi"，拉丁语的意思是"我建造"）抬头纸上，绘制了许多著名的速写，这是其中一幅。他常常利用坐标纸，匆匆记录一些稍纵即逝的灵感，这样就有了尺度，使事务所职员更容易继续深入发展成为更大比例的建筑画。这张仰视的视角也是鲁琴斯最喜爱的方式，能够使小幅画面更为突出。鲁琴斯曾经担任第一次世界大战陵墓基址的

主要建筑师，在此期间绘制的这幅草图是战后英国纪念建筑中规模最大的一座。红色蜡笔代表砖材质，下部空白处表示白色石灰岩，用来刻写将士名字。这座纪念碑基地最初规划在圣康坦市附近，后来转到提耶普注公墓。这个设计方案只经历了少量修改，保留了两个方向上的筒形穹顶开口，这样就有更多的地方可以刻写参加索姆河战役的 72000 名英国和南非士兵的名字，之前他们并没有署名的坟墓。

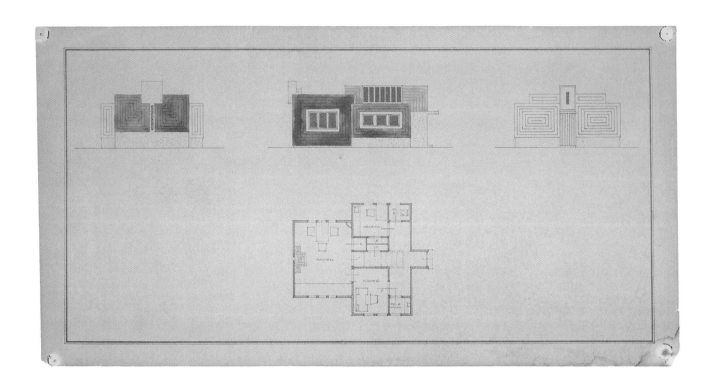

J·J·P·奥德（J. J. P. Oud）（1890-1963 年）

马婷纳斯老区（Oud-Mathenesse）市政住宅开发计划场地管理人员办公室，荷兰鹿特丹。平面图和三个立面图，1923 年

印刷图上加红黄蓝色渲染

荷兰建筑师 J·J·P·奥德将一座临时小屋变成一件风格派艺术作品。场地管理人员办公室是奥德设计的、位于鹿特丹城市边缘的大型工人阶级住宅开发项目中在建造基地上最先建成的建筑之一。正如平面图所示，这座小屋容纳了会议室、厨房、绘图办公室，甚至还有一间接电话的小隔间。互相咬合的立方体表面的木板材以图案为装饰，油漆的颜色是风格派艺术家非常喜爱的原色。在狭长的黄色盒子上的天窗，为中央走道带来采光。

亨利·凡·德·维尔德（Henry van de Velde）（1863-1957 年）

克洛勒 - 穆勒博物馆（Kröller-Müller Museum），荷兰奥特洛。中央画廊透视图，大约 1923 年

彩色蜡笔画

亨利·凡·德·维尔德的这座画廊设计的绘图员是 L·特尔温（L. Terwen）。他用回形针把纸张夹住，塑造出画面别致的左右上角，使之与房间八角形比例关系的角度取得平行。屋顶灯笼的形状在石材地板的图案构图中得到回应，门框和门贴脸也刷成条纹状。尽管所挂的一排排艺术作品没有边框，看上去似乎被突出的图案所淹没，但是，实际的

画作——法国印象派艺术家生动而色彩鲜艳的作品和大型私人收藏的梵高绘画——当然绝不会逊色。然而，遗憾的是，业主海伦妮·克勒勒 - 米勒（Helene Kröller-Müller）的财富来自经营军火，这个时期正是上升前的骤降时期，凡·德·维尔德对于一座大型博物馆的设想不得不经过删改。

ZTERRACE FOR MRS. GEORGE MADISON MILLARD ... FRANK LLOYD WRIGHT ... ARCHITECT

弗兰克·劳埃德·赖特（Frank Lloyd
Wright）（1867-1959 年）

米亚尔住宅（La Miniatura），乔治·麦
迪 逊·米 勒 德（George Madison
Millard）夫人住宅，美国加利福尼亚
州帕萨迪纳。从花园看的透视图，
1923 年

铅笔和彩色蜡笔画

弗兰克·劳埃德·赖特在为他的四座"织物
块"风格（textile）住宅设计这些具有敦实
造型和大胆图案化混凝土体量时，受到中美
洲建筑的启发。然而，由于赖特对日本木版
画情有独钟，因此这张建筑画的风格也深受
此影响。赖特是一位执着的收藏家，在去世
的时候，收集了超过 6000 幅木版画。由于

在贫困时期他不得不卖掉一些画，这个数字
已经是大为缩水的了。这位建筑师利用了他
最喜爱的媒介——彩色蜡笔，在这幅画中浓
墨重彩地渲染了景色。这是一幅花园的场景，
其中可以隐约感觉到克劳德·莫奈（Claude
Monet）绘画的影响，后者本身也是一位日
本木版画的收藏家。

威廉·沃尔科特（William Walcot）
（1847-1943 年）

推测中的戴安娜神庙（Temple of Diana）重建，以弗所。透视图，1923 年

铅笔、彩色渲染和水粉

位于以弗所（现位于土耳其境内）、建于公元前 4 世纪被埋起来的废墟的挖掘工作，在 19 世纪 60 年代就已经开始，由英国建筑师约翰·泰特·伍德（John Turtle Wood）领导，大英博物馆提供赞助。威廉·沃尔科特对这座世界七大奇迹之一的推测性重建绘画，是对这座神庙建筑形式充满考古学信心的诠释，其大胆的色彩运用就好像这是一幅年代久远的绘画，是对古希腊时期人们日常繁华生活

瞬间的一瞥。在这幅大型水彩画中，沃尔科特强调了神庙檐口和方格顶棚以下的底部角落部分，同时创作了身着戏剧化服装的市民和游客，以及集市摊档和帆船的场景。沃尔科特在水彩和铜版画方面非常专业，他是 20 世纪早期英国重要的建筑绘图大师 - 艺术家，以其印象派、油画般风格，赋予建筑表现美感和生气，无论是古代建筑还是现代建筑。

威廉·马里努斯·杜多克（Willem Marinus Dudok）（1884-1974 年）

市政厅，荷兰希佛萨姆。透视图，大约 1924 年

铅笔、彩色蜡笔和水粉画

在经历了将近十年的拖延和修改之后，威廉·马里努斯·杜多克设计的希佛萨姆市政厅终于定稿。当杜多克设计的新市政厅（*Raadhuis*）在 1931 年建成的时候，与拉格纳·奥斯特伯格（Ragnar Östberg）设计的斯德哥尔摩市政厅（见第 35 页）一起，成为 20 世纪前半叶在建筑学领域最具有影响力的建成公共建筑，受其启发的效仿者无

数，尤其是在英国。

杜多克是一位优秀的绘图大师，常常喜欢用不张扬的色调。在这幅精美的透视图中，他只采用了几种深浅不同的黄中带白的色彩，塑造出这一由立方体体块组成的建筑宽广的延伸感。右边具有体块形状的树，采用淡淡的黄绿色方块形线条构成图案，使人联想到建筑的几何体与大自然的关联。

AIRPLANE VIEW OF PENN SQUARE

保罗·菲利皮·克瑞（Paul Philippe Cret）（1876-1945 年）

从飞机上俯瞰佩恩广场（*Airplane View of Penn Square*），美国宾夕法尼亚州。鸟瞰图，1924 年

描图纸上铅笔画

承载这张建筑画的娇弱的描图纸已经开裂，随着岁月流逝逐渐泛黄；铅笔这种软性媒介也没能承受住岁月的磨损。建筑画的特点就是短命，以至于像这幅由保罗·克瑞绘制的小幅面建筑画极品能够幸存，有时可以算作一个小小的奇迹了。毫无疑问，这得益于档案馆的精心维护。但是，在一片朦胧中，依稀看出克瑞的操作是以"从飞机上俯瞰"（Airplane View）的视角仔细研究了费城最核心地段，这也是画作标题的一部分文字，并且用这个现代术语超越了传统的"鸟瞰视角"。

克瑞的天赋以及他在故乡法国里昂接受的美术学院体系训练，使他有能力以戏剧化的能力设计城市整体，重点关注公共建筑和纪念建筑。在这张建筑画中，他没有表现费城在第二帝国时期宏伟的市政厅（谢天谢地这座建筑保留至今，克瑞的方案仅仅是一次冒险），只留下了著名的塔楼，以及与这座城市同名的人物威廉·佩恩（William Penn）的雕像。他正在眺望位于脚下的新"佩恩广场"的变革，从这个广场放射出所有主要的大道，这就是克瑞理想中的城市规划。

MOTTO : SIMULTANÉITÉ

科内利斯·范·埃伊斯特恩（Cornelis van Eesteren）（1897-1988 年）

环城大道上部带住宅的购物街，荷兰海牙。透视图，1924 年

纸上铅笔、钢笔、水粉和照片拼贴，裱在图板上

科内利斯·范·埃伊斯特恩绘制的这幅竞赛建筑画，表现了建筑的带状平面，在色彩方面采用合作者——艺术家特奥·凡·杜伊斯堡（Theo van Doesburg）——设计的三原色。这是风格派建筑历史上一幅重要的画作。在左上角，范·埃伊斯特恩贴上了其座右铭"SIMULTANEITE"，这是法语，意为"同时性"，比照爱因斯坦的相对论理论，意思是不同的观点绝对不可能在一个事件的同时性方面达成一致。在这样的语境中，甚至这个拼贴上去的头戴礼帽、执手杖、穿布面鞋罩、动作敏捷的绅士，既可以被诠释为这座先锋派建筑的当代对应物，或者也可以同时解释为与其不协调。

埃尔·里希茨基（拉扎·马科维奇）
（El Lissitzky (Lazar Markovich)）
（1890-1941 年）

列宁讲台设计方案。透视图，1924 年
硬纸板上钢笔、水粉和照片拼贴

列宁于 1924 年 1 月逝世，随后开展了无数赞颂他的行动，其中包括在莫斯科红场建造列宁墓。在发展建造一座移动讲台——起重机上设讲台——的概念时，被人们称作埃尔·里希茨基的俄国建筑师对 1920 年他参

与的设计方案进行了修改，当时他是艺术与宣传集体"新艺术信徒"（Unovis）的一名成员。在这幅建筑画中，埃尔·里希茨基剪下一张伟大领袖的照片，贴在写着"无产阶级"（PROLETARIAN）字样的招牌下方。

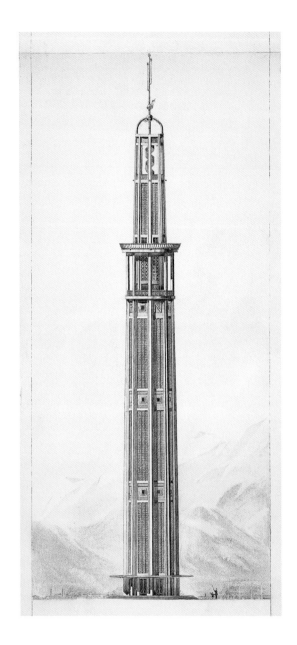

奥古斯特·佩雷（Auguste Perret）
（1874-1954年）和古斯塔夫·佩雷
（Gustav Perret）（1876-1952年）

**为1925年水力发电和旅游博览
会而设计的方向塔（Orientation
Tower），法国格勒诺布尔。立面图，
1924年**

铅笔、钢笔、彩色渲染和水粉画

这座高达95米（312英尺）的"方向塔"
如今称为佩雷塔，以纪念建造者奥古斯特和
古斯塔夫·佩雷兄弟。在当时，这座塔实现
了利用钢筋混凝土建造的新高度。在1925
年，格勒诺布尔市主办了一次博览会，将从
当地山脉溪流中为重工业发电的水力发电设
备，与仅限于有钱人的粗糙的旅游业结合起
来。只有这些人才能负担得起在年久失修的

山路上行进，开展冬季体育娱乐，并支付得
起山地向导的费用。在这张方案设计图中，
阿尔卑斯山群峰以铅笔轻描淡写，在窄窄造
型的塔后面耸立着。游客从塔内盘梯拾级而
上，可以观赏壮丽的风景。但是，正如这座
建筑名称所表示的，这座塔也担当着巨大的
罗盘。"北"（N）和"东"（E）字母在
被遮挡住的钟下面清晰可见。

亨利·塞瓦吉（Henri Sauvage）
（1873-1932 年）

1925 年现代装饰美术国际博览会
（Exposition Internationale des Arts
Décoratifs Modernes）白桃花心木展
馆（Primavera Pavilion），法国巴黎。
对主立面的研究，大约 1924 年

描图纸上铅笔和水粉画

白桃花心木百货商店充分利用了这个名字，将自营手工作坊生产的产品标签都叫做"白桃花心木"；接着，这个标签又被借用来给 1925 年巴黎世界博览会"大型百货公司"（grand magasin）展馆命名。建筑师亨利·塞瓦吉为这座展馆设计了 6 幅水粉画作为方案研究，这是其中一幅。每一幅建筑画都具有

相似的精工细作的特色，并都包含了半球形穹顶。在实施时，这种穹顶将以钢筋混凝土建造，并嵌入带有图案的浮雕的装饰玻璃片。基座部位的釉面混凝土板里嵌入金丝。塞瓦吉以世纪之交重要的新艺术运动建筑师而闻名，在这张画中，可以看出他毫不费力地悄悄转变为最新流行的装饰艺术风格。

阿尔贝·拉普拉德（Albert Laprade）
（1883-1978 年）

为《现代精神》（l'esprit moderne）
设计的露台。透视图，大约 1925 年

钢笔和水粉画

阿尔贝·拉普拉德以充满摩洛哥建筑特色的、优雅而怀旧的露台庭院设计而著名，为慵懒的法国贵妇们设计了适合于其生活方式的版本。拉普拉德在 1915 年的伊珀尔战役中受伤，之后移居摩洛哥。在那里他有 5 年的时间是为政府官员设计别墅和花园。到 1925 年，在宏大的巴黎世界博览会中，他为一个

手工艺设计组织创作了一间小巧的装饰派艺术风格展馆，以及两座水景园。也同样在这个时期，他为沃居埃伯爵夫人（Comtesse de Vogüé）重新设计了位于奥塞码头的巴黎式花园；有时人们认为这张画就是为这个方案而设计的。

78

MEISTER DOPPELHÄUSER von unten gesehen. 1926. A. ARNDT

沃尔特·格罗皮乌斯（1883-1969年）
包豪斯师傅住宅，德国德绍。轴测图，1926年
纸上钢笔和水粉画，裱在棕色纸上。

包豪斯建筑画中最著名的一幅，就是这张为该校教学师傅而设计的三座半独立式住宅的视图。这三座建筑的设计师就是学校缔造者和校长沃尔特·格罗皮乌斯。当这些住宅建成之后，格罗皮乌斯和另外六位主要教师和他们的家庭成员就居住在这里，其中包括瓦西里·康定斯基（Wassily Kandinsky）和保罗·克利（Paul Klee）。这幅画由阿尔弗雷德·阿恩特（Alfred Arndt）（1896-1976年）于1926年绘制，当时这三座住宅刚刚建成或建成不久。这幅画所取的独特视角，正如阿恩特在衬板上写的那样，是"从下面往上看"（*von unten gesehen*）。这是以轴测投影方式实现的。

J·C· 范埃彭（J. C. van Epen）
（1880-1960 年）

**摩天公寓楼群的研究草图。透视图，
大约 1926 年**

描图纸上彩色铅笔和彩色渲染

在这幅建筑画中，荷兰建筑师 J·C·范埃彭研究了公寓塔楼群的层叠关系，这些建筑达到了前所未有的高度。这些薄板式建筑以明黄色渲染，暗部用绿色，彩色铅笔的条纹笔触强调了垂直感。在底层画了一个孤独的人，暗示着尺度。作为一名社会主义理想主义者，范埃彭精明地转向逐渐具有影响力的批量住宅运动，他说他相信这样的摩天楼也有可能是优美的，能够提供廉价住宅。但是，他承认他"为自己的住宅位于森林中而感到高兴"。

斯芬·马克利乌斯（Sven Markelius）
（1889-1972 年）

音乐厅，瑞典赫尔辛堡。透视图，
1926 年

铅笔、彩色渲染和水粉画

尽管斯芬·马克利乌斯的音乐厅设计采取新古典风格，但是他的建筑画风格无疑不是学院派的。当时对美术学院风格古典主义的一片苛责声，由于一批有影响力的斯堪的纳维亚建筑师而减弱了，其中包括伊瓦尔·藤布姆（Ivar Tengbom）（见第 52 页），后者设计的、当时刚竣工的斯德哥尔摩音乐厅，在古老的传统中注入了新生命，成为马克利乌斯设计的赫尔辛堡音乐厅方案的模板。在这个竞赛方案未成功入选之后一年，马克利乌斯在德国德绍包豪斯拜访了格罗皮乌斯，将其建筑风格转向新功能主义，为其后漫长的职业生涯指明了方向。

皮耶罗·波尔塔卢皮（Piero Portaluppi）
（1888-1967 年）

"地狱别墅"（*Hellville*）：一座讽刺意味的建筑，森皮奥内大街，意大利米兰，1926 年

蓝色钢笔和渲染

一位身穿彩格呢裤子的外省男人带着行李箱刚刚到达一座大城市，他的狗跟在后面。他站在米兰最宏伟的一条大街上，被眼前一座堂吉诃德式建筑惊呆了。皮耶罗·波尔塔卢皮为一家想象中的公司设计的滑稽立面是一座迷宫。波尔塔卢皮在第一次世界大战前是一名建筑师—学生，从那时起他就喜欢用卡通画取笑建筑潮流和新出现的城市主义，这些画作发表在讽刺杂志上。从风格方面来说，意大利在 20 世纪 20 年代正处于一个旧有的古典主义、未来主义余烬将息、以及对新的国际式现代主义最初尝试的混杂阶段。波尔塔卢皮的卡通画是他创作的一个系列的一部分，他以美式英语称之为"地狱别墅"。

鲁道夫·辛德勒（Rudolf Schindler）
（1887-1953 年）

利娅·鲁斯（Leah-Ruth）服装店，
美国加利福尼亚州长滩。立面图，
1926 年

描图纸上铅笔以及红色和黑色蜡笔

尽管鲁道夫·辛德勒曾经在弗兰克·劳埃德·赖特位于橡树公园的事务所工作过，并且于 1920 年到洛杉矶帮助赖特负责霍利霍克别墅（Hollyhock House）的建造，但是，他还没有发展出非常个人化的风格，尽管在他到达后不久就建造了自己的住宅，并接受了一些私人委托。他为一家小型服装店重新设计的立面，似乎与赖特在这一时期的混凝土体块式立面几乎没有共同之处，例如米亚尔住宅（La Miniatura）（见第 70 页）和蜀葵住宅。但是，辛德勒的设计就像是赖特某个装饰细部的三维版本。辛德勒在这家商店立面上设计了一块木制招牌，进深达 15 厘米（6 英寸），漆成红色。这些间隔开来的线条、几何形状的对角线，尤其是突出的窄带，与蜀葵住宅中壁炉上方的大型石刻装饰非同寻常地相似。

罗伯特·B·斯泰西-贾德（Robert B. Stacy-Judd）（1884-1975 年）

拉霍亚海滩和游艇俱乐部，美国加利福尼亚州。从玛雅门厅看过去的透视图，1926 年

板上水彩画

尽管罗伯特·斯泰西-贾德以他最喜欢的玛雅复兴式（Mayan Revival）风格建造了拉霍亚俱乐部的外部造型，但是这张门厅设计方案图并没有实施。这几乎就是纯粹的好莱坞；斯泰西-贾德经历过一段游学工作时间，在这期间，他从家乡英国伦敦来到北达科他州，后来北上到加拿大，在 1922 年最终定居在好莱坞。在好莱坞，他与众多电影明星寻欢作乐。这些明星常常光顾游艇和网球俱乐部，就像拉霍亚俱乐部一样。他极为喜爱古代风格，尤其是埃及和伊斯兰风格。他最新对墨西哥的倾心，使他成为所有本土美洲事物的崇拜者，尤其阿兹台克和玛雅文化。他大量攫取这些文化中的"全美洲"（all-American）设计元素来设计旅馆，并且将之用于一座共济会礼拜堂，甚至一座浸信会教堂。斯泰西-贾德的插画式绘图技巧，非常适合这种荒诞怪异的场景。这些画是为他的经典著作《亚特兰蒂斯——帝国之母》（Atlantis – Mother of Empires）（1939 年）而绘制的，在书中他论证道，亚特兰蒂斯的确是曾经存在过的；玛雅文明是现在已沉入水底的、消失的城市的留存。他甚至断言，耶稣操玛雅语，他最后的遗言也是用玛雅语说出来的。

约翰·高·米姆（John Gaw Meem）
（1894-1983 年）

圣达菲市拉方达饭店（La Fonda Hotel），美国新墨西哥州。透视图，1927 年

钢笔和彩色渲染

当一批又一批欧洲建筑师，尤其是表现主义流派，在设计中关注于有机形式时，在偏远的美国西南部，约翰·高·米姆却成为创作出具有泥土气息、像雕塑一样建筑的建筑师之一。他们不是基于理论来设计，而是根植于当地土著人和殖民时期的土坯建筑。在 20 世纪 20 年代的圣达菲市，由于游客大量增加，并且要"绕道印第安人聚居地"（Indian Detours）——在前往普韦布洛村庄，使横贯大陆的火车中能够暂歇一下，因此导致住宿需求上升，米姆为他之前几年建造的拉方达饭店扩建设计了方案。透视画家 T·圣克莱尔（T. St. Clair）为这座饭店绘制了渲染图。饭店带有新建的塔楼，这座塔楼是米姆根据对西班牙殖民时期教堂和传教会所的研究而设计的，以淡紫色渲染阴影，展现出夜晚的凉爽感觉。

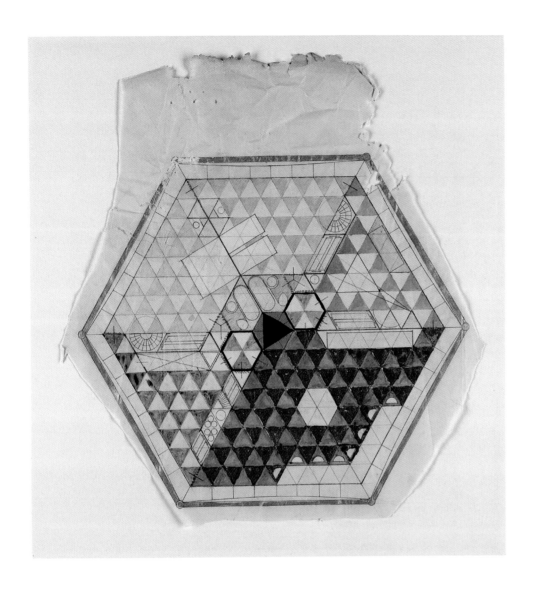

巴克敏斯特·富勒（R. Buckminster
Fuller）（1895-1983 年）

以最少结构提供最大强度的住宅
（Dymaxion House）。平 面 图，
1927 年

描图纸上铅笔、彩色渲染和含有金属
的墨水

这张建筑画呈现的有趣的形状，是巴克敏斯特·富勒根据他设计的、以最少结构提供最大强度的住宅的多边形平面图，是将描图纸粗略地夹起来的结果。这是一座升起在高高的桅杆顶部的金属住宅。他以带有金属的墨水绘制墙体的颜色，代表墙体的铝材表皮。三角形网格暗示了高强度钢缆支撑着架空的结构。中央的黑色三角形是电梯，处于代表中央桅杆的红色六角形之内。家具也绘制在五个房间的原有位置上，并且以颜色编码：紫色用于起居室，青绿色用于卧室，其中还画出了床；蓝色用于杂物间，包括厨房；而橙色用于书房。

赫里特·里特费尔德（Gerrit Rietveld）（1888-1964 年）

瓦尔德克·帕蒙特卡德大街（Waldeck Pyrmontkade）20 号，司机住宅，荷兰乌特勒支。透视图和表示施工方法的细部，大约 1927 年

拼贴卡片上钢笔、渲染和水粉画

赫里特·里特费尔德采用标准预制材料，让没有专业技能的劳工以三周时间建造出这座 H·范·德·维尔斯特·德·弗里斯（H. van der Vuurst de Vries）的司机的小住宅和车库。这张图表明了这座建筑的建造方法；透视图展现了部分现场安装的混凝土板的钢框架，纸张下部是这些板材的固定细部。里特费尔德用小的卡纸片代表这些板材，涂成黑底加白色圆点，然后再粘贴到纸上；当这座最新颖的现代马厩建造起来的时候，混凝土真的涂成了这种让人吃惊的效果。整个住宅的构图网格基于 1 米（3 英尺 3/8 英寸）见方的模数，在凸窗端部最小的板材中看得到这个最基本的模数。

汉斯·梅耶（Hannes Meyer）（1889-1954 年）和汉斯·威特沃（Hans Wittwer）（1894-1952 年）

万国宫（Palace of the Nations），瑞士日内瓦。轴测图，1927 年

钢笔和水粉上加印刷纸

1927 年为国际联盟（League of Nations）总部大厦举办的设计竞赛，被证明是在传统建筑与进步建筑之间争战的转折点。由世界各国建筑师组成的评审委员会根据风格上的观点，分成不同阵营，对 377 件参赛作品进行审议，但评委们无法达成决议。然后，又开了一次评委会，以不令人满意的妥协解决争议，即要求前五名参赛建筑师联合起来，创作一个大致上是古典主义的建筑方案。这种混乱的局面，就像联盟本身一样极不成功，促使很多现代主义建筑师组织起来，由勒·柯布西耶领导（他自我本位地说，他已经赢得竞赛），积极倡导当代建筑的目标。

瑞士建筑师汉斯·梅耶和汉斯·威特沃提交了一个先锋派设计方案：低矮的议会大厅采用蛋形玻璃屋顶，位于一座 24 层的行政塔楼下部。黑色条带表示阴影，一根红色线条 [标记着"发光海报"（*affiche lumineuse*）] 表示灯光展示。这个构图使人想起同时代俄国至上主义（Russian Sprematist）艺术家的绘画作品（见第 75 页）。梅耶曾经与他合作过。

FACADE OF THE PROPOSED MAX REINHARDT THEATRE IN NEW YORK CITY

约 瑟 夫 · 厄 本（Joseph Urban）
（1872-1933 年）

马克斯 · 莱因哈特（Max Reinhardt）
剧院，美国纽约市。透视图，1927 年
钢笔、彩色渲染、水粉和金丝颜料

约瑟夫·厄本设计的剧院展现出的勃勃生机，早已超越演戏的范畴。这对于一位为整个欧洲创作了 50 多个舞台和歌剧作品设计方案、为纽约大都会歌剧院设计了 50 多个方案，以及为无数百老汇演出和音乐剧、电影和齐格菲歌舞团（Ziegfeld Follies）所有的娱乐演出而设计方案的建筑师来说，是可以期待的。厄本绘制的这张建筑画，是为由导演兼演员马克斯·莱因哈特（他就像厄本一样，出生于奥地利，并在当地接受训练）率领的德国公司到纽约进行巡演季而筹备的。然而，这个方案并没有继续深入发展，尽管莱因哈特美国之行取得了极大的成功。厄本的建筑画展现出戏迷们成群结队，与不透明玻璃黑色立面的光泽混杂在一起。这种不透明玻璃在两次世界大战期间十分流行。高耸入云的哥特式尖顶以金丝颜料绘制，掩饰着疏散楼梯以及与紧急疏散平台的连接。平台上展示着用作广告的白色板材。

弗里茨·兰道尔（Fritz Landauer）
（1883-1968 年）

犹太教会堂，德国普劳恩。室内透视图，大约 1928 年

版画上加彩色渲染和水粉

由于德国政治和社会动荡越来越剧烈，弗里茨·兰道尔被迫于 1933 年关闭了位于慕尼黑的事务所。他开始往来于家乡奥格斯堡和英格兰，为犹太改革运动而工作，最后于 1937 年与妻子定居伦敦。在他移居途中一直携带的建筑画中，就有这张为普劳恩镇唯一的犹太教会堂而设计的方案。这个视角是看向耸立的、带有黑色矩形的正面，这代表诺亚方舟。画面中所有的黑色都是石版印刷而成，在这之上，兰道尔加上橙色水彩，以产生光线透过女士楼座（women's balconies）上下的带形窗照射进来的效果，然后又加一层白色水粉，展现悬挂的球形灯。兰道尔设计的普劳恩镇犹太教会堂建成于 1930 年，被认为是现代主义运动中最美观的犹太教会堂建筑典范；在 1938 年 11 月 9 日夜晚和 10 日凌晨，它毁于臭名昭著的"水晶之夜"（*Kristallnacht*）。在那个夜晚，纳粹摧毁了 1000 多座犹太教会堂。

埃里科·德尔德比奥（Enrico Del Debbio）（1891-1973 年）

意大利运动区（Foro Italico）**法西斯体育学院，意大利罗马。透视图，1928 年 8 月 6 日**

钢笔、彩色渲染和水粉

埃里科·德尔德比奥绘制的建筑透视图采用平涂色彩，人们能够感觉到其中强烈的、与世隔绝的现实主义和模仿古典主义的元素，常常使人想起乔治·德·基里科（Giorgio de Chirico）的《形而上学的城市广场》（*Metaphysical Town Square*）系列中的建筑画。然而，这位建筑师的构想并非画家的超现实主义魔术，而是表现了墨索里尼的新罗马帝国（Imperial Rome）。体育学院是德尔德比奥为墨索里尼会场（Foro Mussolini）设计的体育设施综合体的一部分，其功能是成为大理石体育场（Stadio dei Marmi）的背景。这座体育场周边环绕着将近 60 座巨大的男性运动员雕塑，类似于这幅画中看到的、布置在学院小型建筑中的那样。当这座学院于 1923 年 11 月作为意大利青年法西斯组织（Italian Youth Fascist Organization）最重要的学校而开幕时，政治教育越来越取代运动课程，以法西斯宣传纲领训练那些教师和青年领袖。在第二次世界大战之后，德尔德比奥回到了这个改名后的意大利运动区（Foro Italico），完成了道路建设，增添了数百棵树木、照明设施、学生宿舍和一座室外游泳场，以筹备 1960 年夏季奥运会。这座公共集会广场综合体现在为罗马大学使用。

埃德温·鲁琴斯（Edwin Lutyens）
（1869-1944 年）

铁圈球场路 68 号，英格兰伦敦。透视图，1928 年

铅笔和彩色渲染

埃德温·鲁琴斯设计的、这座位于铁圈球场路上的办公楼，与圣詹姆士宫毗邻。在这幅建筑画中，英国近卫步兵第一团的一位士兵站立在圣詹姆士宫主入口处。鲁琴斯设计的这座商业大厦将以白色波特兰石作为覆面材料，并在上部楼层处进行了退进处理，这使人想起他在十年前设计的著名作品——位于伦敦怀特霍尔街的、第一次世界大战阵亡将士纪念碑（Cenotaph war memorial）。为了这张透视画，鲁琴斯雇用了当时最受欢迎的

英国绘图大师西里尔·法里（Cyril Farey）（1888-1954 年）。事实上，有如此多的建筑师雇佣法里来绘制表现图，以至于鲁琴斯有一次在环顾皇家学会夏季展览的建筑作品展厅时，说了这样的俏皮话："嗨，什么呀！简直就是法里峡谷啊！"这幅建筑画就是法里的典型作品，建筑表现极为强烈而突出，场景非常生动。建筑在反光表面上呈现倒影，是法里水彩技巧的一个非常独特之处。

亨利·塞瓦吉（Henri Sauvage）
（1873-1932 年）

"大都会"（*Metropolis*）：帕西滨河路（现在是肯尼迪总统大街），法国巴黎。从塞纳河看过去的透视图，1928 年

水粉和金丝墨水

在这幅建筑画场景中，亨利·塞瓦吉将塞纳河作为前景，天空以棕色调重叠在一起的球形表达，呈现出他设计的"大都会"项目。这是两个层层退进的金字塔，由 600 个可负担公寓单元组成。每户都有一个大阳台和全景视野，以及屋顶花园、观众席可容纳 3000人的网球场，以及可以停数千辆机动车的停车场。尽管塞瓦吉的建筑师生涯最早为人所知，是作为新艺术运动的领导者，他设计过手袋和珠宝展览的展馆（见第 77 页），他

也进行低成本住宅和经济建造方式的试验，尤其是设计中结合他最喜爱的层层退进轮廓线以及使用预制的工厂部件。早在 1912 年至 1913 年期间，他就在一个巴黎台阶式街道的设计竞赛中入围。在设计这个方案的前一年，他提交了一个关于台阶式建筑的专利，并设计了一个类似的巨型建筑方案，他称之为"巨人饭店"（Hotel Giant），当然也没能建成。

阿尔瓦·阿尔托（Alvar Aalto）
（1898-1976年）

《土尔库新闻报》（*Turun Sanomat*）
报社大厦，芬兰土尔库。橱窗和入口
的透视图，1929年

描图纸上铅笔画

在阿尔瓦·阿尔托设计的、这座土尔库最重要的报纸的总部大厦橱窗中，展示着一张巨大的报纸头版，呈现出这张铅笔画的绘图大师在艺术方面不循规蹈矩，强调了新颖的大片玻璃立面形式。事实上，当这座建筑建成开幕时，这扇窗没有任何遮挡物，行人可以看见广告部工作人员忙忙碌碌地做事。字体的戏剧性效果以及对一张照片的复制，是建筑铅笔画的绝技，甚至这些字体还向着右侧消失点倾斜，更是传神之处。

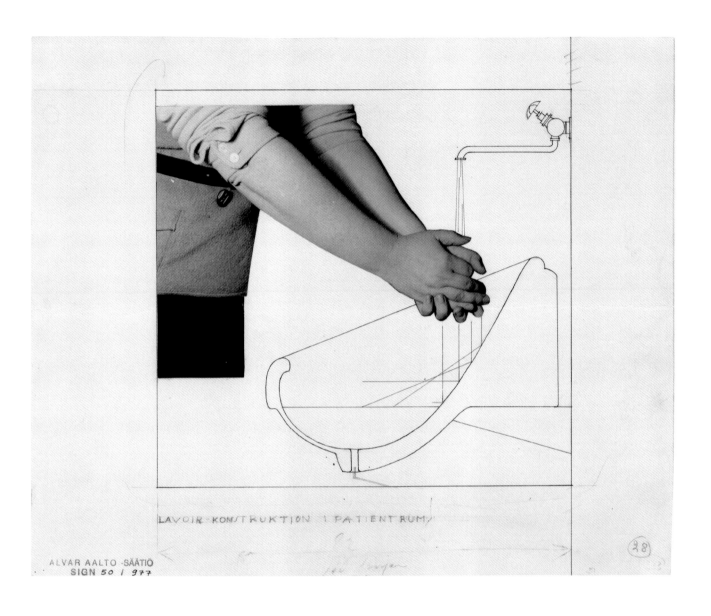

LAVOIR·KONSTRUKTION (PATIENT RUM)

ALVAR AALTO·SÄÄTIÖ
SIGN 50 / 977

阿尔瓦·阿尔托（1898-1976 年）
肺结核疗养院，芬兰帕伊米奥。通过洗手盆的剖面，大约 1929 年
钢笔、铅笔画和照片拼贴

芬兰建筑师阿尔瓦·阿尔托为肺结核病人的治疗，引入了现代化和具有人道主义精神的医疗实践。他设计的疗养院（如今成为一座医院）充满阳光和新鲜空气，还有许多以前没有先例的实践特色。他把自己设计的建筑称作"医疗工具"（medical instrument）。

每间住两个病人，都配备了各自的设施，包括洗手盆。在这幅画中，一张照片剪贴画增加了水盆和龙头的线条剖面图的真实感。这张图表明自来水如何冲击到水盆宽大而柔和的曲线上，从而减缓水的回溅，因此减少噪音和清洁需求。

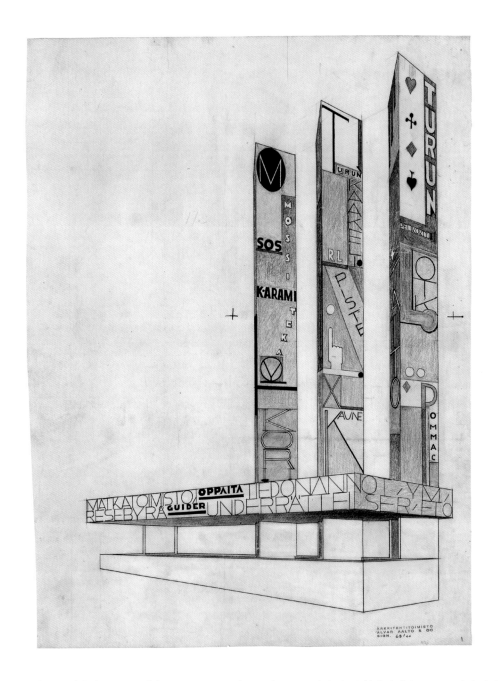

阿尔瓦·阿尔托（1898-1976 年）

土尔库建市 700 周年展览和商品交易会，芬兰土尔库。带有广告柱的小亭子透视图，1929 年

卡片上钢笔和彩色蜡笔画

1927 年，阿尔瓦·阿尔托和同样是建筑师的妻子艾诺（Aino）移居到芬兰西南部的海滨城市土尔库。阿尔托与建筑师埃里克·布里格曼（Erik Bryggman）合作，设计了为庆祝该市成立七百周年而举办的展览会的许多建筑。在这张设计图中，刻上去的大型字母和色彩丰富的图画，覆盖了这个长而低矮的亭子及其三个成组的一体化三角柱。这座建筑将以木材建造；阿尔托也是一位材料大师，他创作的胶合板和夹板制作的家具成为现代主义经典，如今还在生产着。

古 纳 尔 · 阿 斯 普 朗 德（Gunnar Asplund）（1885-1940 年）

1930 年斯德哥尔摩展览会，瑞典。节日广场透视图，1929 年

水粉和水彩画

在这张由建筑师古纳尔·阿斯普朗德设计的 1930 年斯德哥尔摩展览会建筑的透视图中，艺术家鲁道夫·佩尔松（Rudolf Persson）以劳尔·杜飞（Raoul Dufy）呈现出的法国野兽派风格，用丰富的色彩使博览会的所有乐趣都鲜活起来。这幅作品主要以水粉绘制，只有少量区域留给水彩，用以描绘风景，如树木和湖面。穿着时尚的游客放在前景，充

满戏剧性效果，几乎使阿斯普朗德的建筑设计处于次要地位。但是，阿斯普朗德设计的建筑，即便仅仅是临时性构筑物——就像左边远处张开的嘴巴一样的室外音乐演奏台，尤其是带有高耸的广告桅杆的、以钢和玻璃建造的天堂咖啡馆（Paradise Café）——被证明是极受欢迎的，并且在赢得公众支持现代主义设计方面具有影响力。

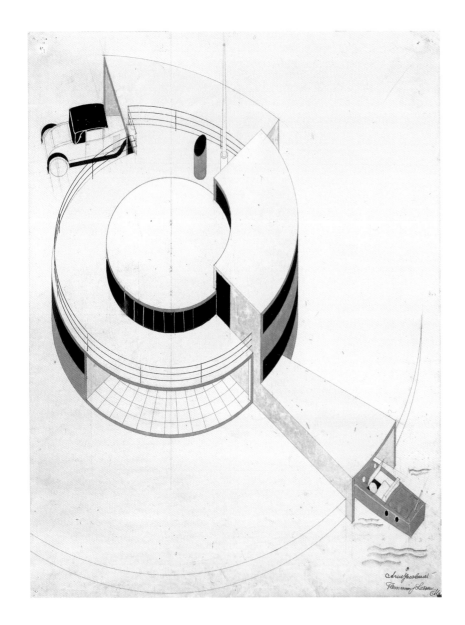

阿尔内·雅各布森（Arne Jacobsen）
（1902-1971年）

"未来之屋"（The House of the Future），丹麦哥本哈根。轴测图，1929年

钢笔、铅笔、彩色渲染、蓝色蜡笔和水粉画

丹麦建筑师阿尔内·雅各布森赢得了由丹麦建筑师协会赞助的、在哥本哈根论坛展览中心（Forum Exhibition Centre）举办的、按规定比例建造一座"未来之屋"的设计竞赛，这成为他有目共睹的最初的成功。他与朋友弗莱明·赖森（Flemming Lassen）（1902-1984年）合作完成并提交这个竞赛方案，借助这次获奖，雅各布森还和他一起成立建筑合伙人事务所；他们两个人的签名都出现在画面右下角，是雅各布森的笔迹。这个设计方案所呈现的生动色彩，主要归功于荷兰风格派团体的影响，而曲线造型、带形窗，以及露台空间则来自于雅各布森对现代主义建筑师作品的关注，如勒·柯布西耶和路德维希·密斯·凡·德·罗。他在之前作为学生的数次旅行中曾经遇到过他们。画面中一艘有顶棚的小船正在下水，平屋顶作为直升机起落坪，这栋住宅还有一个由荧光灯管制成的白色桅杆。

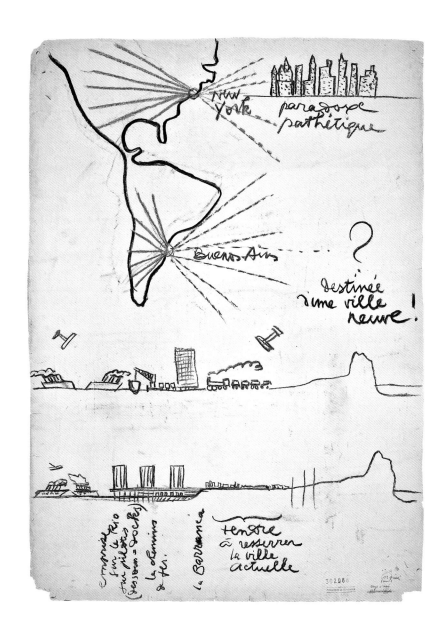

勒·柯布西耶（原名夏尔 - 爱德华·让纳雷 - Charles-Édouard Jeanneret）
（1887-1965 年）

布宜诺斯艾利斯城市规划。演讲示意图，1929 年

彩色蜡笔画

当勒·柯布西耶在演讲中作草图示意时，简直就是一场展现舞台魔法的演出。勒·柯布西耶在一块黑板上，或者更为常见的，是在一张用大头针钉在墙上的大纸上，展现他对快速设计的熟练掌握和良好的记忆力。在这张他于 1929 年受邀前往阿根廷发表演讲时所做的示意图中，这位现代主义领袖呈现了对布宜诺斯艾利斯城市未来的规划设想。纸张下部的两幅图是沿着里约·德·拉·普拉达河口海岸的城市景象，勒·柯布西耶不赞成将铁路和道路交通放在地面上（上面一张图），而是提出他将交通隐藏在建筑物地下的方法（下面一张图），以"底层架空柱"（pilotis）支撑着建筑，就像他侧着写的那些文字所描述的。

埃里希·门德尔松 (Erich Mendelsohn)
(1887-1953 年)

金属工会 (Metal Workers' Union)
大厦，德国柏林。草图设计，1929 年
铅笔画

在第一次世界大战期间，当埃里希·门德尔松发现纸张缺乏时，就开始缩小铅笔草图，把它们挤在一起。小幅建筑画成为他的商标，就像这张纸上，画满了他为柏林金属工会大厦设计的草图，简直就是一个设计创意万花筒，每一幅都是小巧的、快速画成的。在这些大多数采用仰视的将近 30 幅草图中，几乎没有一个是相同的。每一幅画都有变化，

本身就是一件小巧的大作。门德尔松正在寻找一个合适的入口立面，放置在这个"V"形基地尖端。在这些众多的表现主义形式中，他最终将目光落在左上角那一幅。立面有一些凹进，在下方平面图中画出了轮廓线，有点像阴影；上部楼层被一个凸出的圆柱造型和旗杆所强调，在画面中这些以一抹浓黑的笔触表示。

希哥德·劳沃伦兹 (Sigurd Lewerentz)
（1885-1975 年）

为 1930 年斯德哥尔摩展览会而设计的第 8 种别墅，瑞典。剖面，大约 1929 年

板上钢笔、彩色渲染和水粉

希哥德·劳沃伦兹与古纳尔·阿斯普朗德（Gunnar Asplund）共同担任 1930 年斯德哥尔摩展览会首席建筑师。劳沃伦兹设计了许多展会建筑。这次展览的一个重要部分就是住宅建设。一批精挑细选的瑞典现代主义建筑师，包括劳沃伦兹在内，设计了一系列别墅和公寓实例，展示了家居方面的新功能主义方法。第 8 种别墅尽管不是建成方案，但

这是劳沃伦兹复杂而具有人文精神的现代主义设计的典范。在这张设计方案的剖面图中，剖切面选取的是纬度方向。起居空间上方是斜屋顶，起居室内摆放着三角钢琴，上层有一个开敞阳台，可以俯瞰花园。在这里劳沃伦兹画了一位女性，身穿白底带条纹的睡袍，与窗帘完美地搭配起来。

若斯·克利杰嫩（Jos Klijnen）
（1887-1973 年）

**市政厅，荷兰瓦尔韦克。透视图，
1930 年**

彩色蜡笔和水粉画

荷兰建筑师若斯·克利杰嫩在设计这座瓦尔韦克市政厅之前两年，曾经在海牙建造了一座大型天主教男校。这座学校建筑也设计成单坡顶和深挑檐，这是对当时流行的平屋顶的一种独特而更具有实用性的变化形式。在这张建筑画中，克利杰嫩以深蓝色表现挑檐，以火红色表现砖墙——线条的排列非常具有技巧，使纸张留白处成为砂浆的颜色。原色的对比非常强烈，矩形开窗形式被放置在不规则的构图中，与当时风格派画家皮特·蒙德里安（Piet Mondrian）的绘画很相似。克利杰嫩的设计方案是为参加一个邀标竞赛而做的，但是瓦尔韦克市保守的市民没有选择这个方案，而是选择了一个具有传统荷兰山墙的建筑方案。

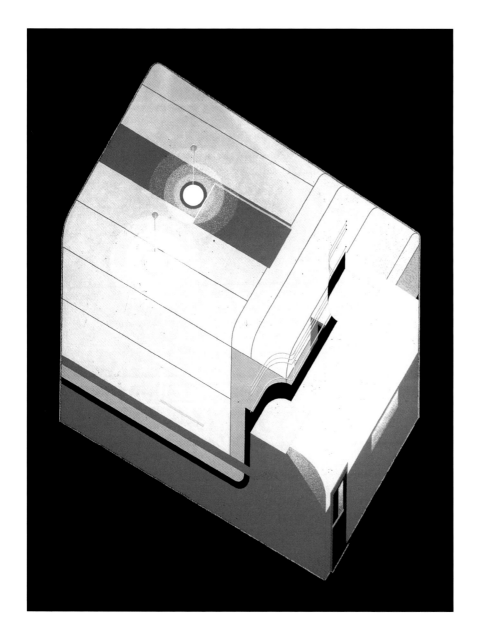

雷蒙·麦格拉斯（Raymond McGrath）（1903-1977年）

广播大厦舞蹈和室内乐演播室（Dance and Chamber Music Studio），**波特兰广场，英格兰伦敦。轴测图，1929年**

水粉和金丝颜料

这是英国现代主义运动绘画中最引人注目的建筑形象之一。雷蒙·麦格拉斯绘制的轴测图取俯瞰视角，表现了其设计的演播室，这是一间英国广播公司在伦敦的新总部用于传送无线电广播的房间。浓黑的水粉使这间屋子似乎与世隔绝，仿佛隔绝了外界声音似的。

一对悬挂的球形灯以点染的光晕衬托，照亮了这个空间，其实这只不过是绘图纸的留白而已。光线仅仅从以金丝颜料描绘的门和观景窗中流淌出来。

罗杰 - 亨利·埃克斯佩（Roger-Henri Expert）（1882-1955 年）

1931 年国际殖民展（International Colonial Exposition）大都会宫（Palace of the Metropolis），法国巴黎。入口透视图，1930 年

黑钢笔、水粉和彩色渲染

超过 3300 万游客参观了 1931 年在凡仙森林举办的国际殖民展。在罗杰 - 亨利·埃克斯佩设计的这座有可能是基地上规模最建筑的入口透视图中，一座展馆展示着各类工业化展品。一个地球仪显著地呈现出非洲，这是法国拥有最集中的殖民地大陆。位于建筑立面之外，在一颗长得过大的仙人掌附近，是

土著人帐篷展，被欧洲建筑的庞大体量所压倒。相对于这幅透视图所呈现的所有壮丽和力量而言，埃克斯佩设计的这座宫殿仅仅是临时性建筑，随着展会在六个月后结束之时就被拆除了，就像殖民主义所呈现的一样，都是昙花一现。

弗利德·迪克－布朗德斯（Friedl Dicker-Brandeis）（1898-1944年）和弗朗茨·辛格（Franz Singer）（1896-1954年）

卡里多和亚内糖果店（Carrido & Jahne Confectionery Shop），奥地利维也纳。轴测图，1930年

描图纸上蜡笔、水粉和彩色渲染

对原色的使用和视觉效果强烈的轴测投影，使这幅建筑画归属于纯粹的包豪斯血系。这是由弗利德·迪克—布朗德斯和她的伴侣弗朗茨·辛格绘制的，后者于1930年左右在维也纳运营一间生意兴隆的工作室，设计极为时尚的住宅和店铺室内。大约十多年前，这对情侣在当时刚成立的魏玛包豪斯学校并肩学习。他们从维也纳就追随着他们的教师——瑞士表现主义画家和色彩理论家约翰内斯·伊顿（Johannes Itten）。当时他去包

豪斯创立了艺术初步课程，最终对艺术院校如今的运作方式产生了重要影响。为这幅建筑画和商店室内而选择的色彩，依照伊顿的比色图表，使用三原色——黄、红、蓝。如今这种色表已经为人们所熟知。画面呈现的充满技巧的视角、掀去屋顶、俯视布置着搁架的墙体，一览无余的工作台面上五个红色的秤，都取自于在包豪斯担任建筑师的课堂教学和实例，例如沃尔特·格罗皮乌斯和马歇尔·布劳耶（Marcel Breuer）。

查尔斯·霍尔登（Charles Holden）
（1875-1960 年）

海格特（现在叫拱门街）地铁站（Highgate (now Archway) Underground Station），英格兰伦敦。
透视草图，1930 年

铅笔和彩色蜡笔画

20 世纪 20 年代和 30 年代期间，在设计伦敦地铁皮卡迪利线和北线（Northern Line）的延伸线新站台时，查尔斯·霍尔登为设计的立面画了一张又一张小草图。其中一致性元素就是由红色圆环和蓝色手动推杆组成的著名地铁图标。在霍尔登设计的海格特站台方案中，只有十几张草图幸存下来，都是采用蜡笔绘成的快速小插图，其中包括这一张。在画面中最具有戏剧性的是向上翻卷的雨棚。霍尔登把他绘制的所有变化多样的方案草图提交给地铁公司设计主管弗兰克·匹克（Frank Pick），由他来选择。在海格特站台方案中，匹克决定选择一个更简单的设计，方案中设有宽敞的入口和架高的大窗户。

休·费里斯（Hugh Ferriss）（1889-
1962 年）

"大都会摩天楼飞机库"（*Skyscraper Hangar in a Metropolis*），1930 年

蜡笔和炭笔画

尽管休·费里斯为很多美国最成功的建筑师创作了透视渲染图，（例如华莱士·哈里森，见第 168 页），但是他最著名的是为未来主义城市而绘制的一系列建筑画，这是在两次世界大战间隙创作的。在这张令人兴奋的直升机机场画面中，摩天楼顶部布置了机场的飞机库，明天的世界跃然纸上：那个时期的飞机、建筑采用当时流线型的新艺术运动风格，以及用于运输的高速公路，其可能性后来因成为现实而得到证明。费里斯喜爱深色绘画材料——炭笔、碳铅笔和石印蜡笔——这些材料可以用于快速绘画，然后常常再抹开，用橡皮在画面上揉搓，或者有时直接擦掉。

安德鲁·格拉内（André Granet）
（1881-1974 年）

"水之拱"（Arch of Water）喷泉，
1931 年国际殖民展，法国巴黎。不
同照明效果透视图，1930 年

有色粉笔画

建筑师安德鲁·格拉内最享受的莫过于驾驶
大型美式小汽车穿梭在他的家乡巴黎。格拉
内荣誉等身，对这一点他表现得自视颇高。
他专长于展览设计，尤其是最具技术挑战的
戏剧性设计。他与罗杰 - 亨利·埃克斯佩（见
第 104 页）合作，为 1931 年举办的国际殖
民展创作了壮观的照明效果。这些照明灯饰
变化多端，与展会场地上许多喷泉一样，具
有真正的戏剧效果——水流随时间和色彩起
舞的创举。这两张璀璨的有色粉笔画的画面，
展现了"水之拱"（la Voûte d'Eau）喷泉变
化丰富的色彩。这座喷泉没有任何建筑支撑，
仅仅由 6 米（20 英尺）宽的水柱喷洒在湖
对岸而形成 40 米（131 英尺）跨度的拱。

鲁道夫·辛德勒 (Rudolph Schindler)
(1887-1953 年)

亨利·布拉克斯顿 (Henry Braxton)
和维奥拉·布拉泽斯·肖尔 (Viola
Brothers Shore) 住宅，威尼斯海岸
大道，美国加利福尼亚州。透视图，
大约 1930 年

钢笔、水粉和彩色渲染

鲁道夫·辛德勒在这幅海岸住宅透视的构图
中，将建筑的大部分推到纸张底部四分之一
处，周围是蓝色渲染的天空、起伏的海浪和
附近将来毗邻住宅的简洁轮廓。但是，这座
海岸住宅引人注目的设计和白色立面已经足
够显眼，打破了这种独特的平衡措施。业主
毫无疑问极为欣赏这一大胆的设计：亨利·布
拉克斯顿是一位现代艺术商，辛德勒曾经在
好莱坞为其设计过一座画廊，而他的妻子维
奥拉·布拉泽斯·肖尔是著名怪诞小说作家

和好莱坞编剧。这座住宅的布局采用相互咬
合的体量，由一个开敞楼梯联系起来，楼梯
的浅灰色在玻璃后面仍然清晰可见，水平方
向的平台在每一层都向前伸出，将室外露台
连为一体。令人遗憾的是，这座住宅的建造
许可被拒绝了：1929 年股票市场崩盘，同
时在威尼斯半岛这个区域发现石油和天然
气，而当地的石油公司有权在这块基地上钻
孔；海滨就此成为一片石油井架的场所。

伊万·列奥尼多夫（Ivan Leonidov）
（1902-1959 年）

莫斯科普罗列塔尔斯基行政区文化宫，俄国。体育中心设计竞赛立面图，1930 年

黑色纸上钢笔、锌白粉、照片拼贴和彩色渲染

画面上似乎是一幅埃及沙漠夜景图，一艘驶近的飞艇正在将现代游客运送到一座金字塔前。这实际上是为建造于苏维埃莫斯科中部地区一座体育中心绘制的竞赛方案。伊万·列奥尼多夫采用令人瞩目的黑色纸作背景，将金字塔与世隔绝。这是一座玻璃建造的金字塔，是他参加文化宫设计竞赛的四座建筑之一。然而，这又是一个从建筑学方面来说令人振奋、在当时地位极为重要、却注定难以

实施的方案。在这个宏伟而开敞的室内空间里，列奥尼多夫构想了一座体育馆、体育场、运河一样的泳道，以及设有躺椅和阳伞的沙滩。对方案的反应褒贬不一。记者 V·舍尔巴科夫在《莫斯科建设》（*The Construction of Moscow*）（1931 年）中写道："毫无疑问，他是一位天才建筑师，但他是一个无政府主义者、一个小资产阶级，在一片茫然虚无中进行设计。"

COTE A PHOTOGRAPHIER

保罗·比戈（Paul Bigot）（1870-1942年）

凯旋大道（Triumphal Way），法国巴黎。透视图，1931年

描图纸上炭笔、铅笔和白色粉笔

一位和平天使仁慈地为巴黎提供保护，这一形象成为保罗·比戈设计的一条壮丽的新街道获奖方案的一部分。这条凯旋大道从凯旋门一直延伸到德方斯圆形广场。天使由保罗·兰多夫斯基（Paul Landowski）设计，参照当时刚竣工的、俯瞰着巴西里约热内卢的救世主基督雕塑的巨型尺度。尽管这仅仅是一个推测性方案，但是这个竞赛强化了巴黎人对美术学院体系宏大规划的执着，以及当时法国反战的政治主张——比戈和兰多夫斯基二人都强烈支持的立场。

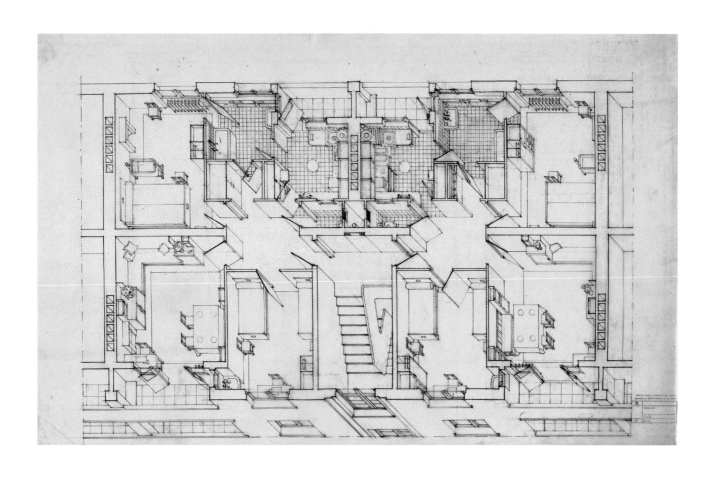

费利克斯 · 迪马伊（Félix Dumail）
（1883-1955 年）

阿道夫 · 德沃大街公寓建筑，法国迪尼。轴测图，大约 1931 年

描图纸上钢笔和铅笔画

这张切掉屋顶的公寓建筑的细密的轴测图，给予我们偷窥者视角，俯瞰这些背靠背的公寓。费利克斯 · 迪马伊以几乎可以说是令人惊叹的一丝不苟，仔细描绘出固定家具和活动家具的布局。起居室很紧凑，但是餐桌、沿墙壁的长条形软座、写字桌、餐具柜以及

壁炉的组合带来舒适的感受。在主卧室，婴儿摇篮放置在床边。然而，尽管公寓极为紧凑，还设置了前后阳台；实际上，有些公寓可以直接看到勒布尔热机场的跑道，这些跑道就位于公寓楼围墙的外面。

Venise.
projet d'une île flottante.

安德烈·卢卡特（André Lurçat）
（1894-1970 年）

为查尔斯·德·贝斯特古（Charles de Beistegui）设计的漂浮岛住宅，意大利威尼斯泻湖。鸟瞰图，1931 年

描图纸上钢笔和彩色蜡笔

这座位于威尼斯泻湖上的人工岛，是为极为富有的艺术赞助人查尔斯·德·贝斯特古私密的隐退之所而设计的。尽管德·贝斯特古并没有对安德烈·卢卡特的设计有什么影响，但是，在那之前的一年，他曾经请勒·柯布西耶为其在巴黎设计了一座超现实主义公寓，众所周知的是那座公寓带有一个室外屋

顶"房间"，设有壁炉、覆盖着草皮。在卢卡特这幅建筑画中，船只从一个漂浮平台进进出出，要么从平静的内部码头、要么从这座流线型新艺术风格住宅外部的水岸梯阶上岸。在这个岛中没有设计花园，而是设计了一个金属表面的体育馆，带有鞍马和赛马场。

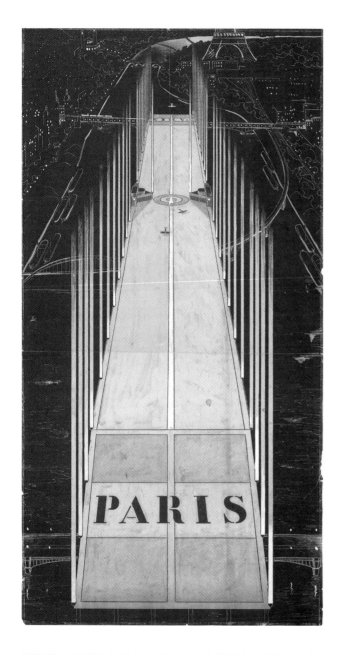

安德烈·卢卡特（André Lurçat）
（1894-1970 年）

"空中巴黎"（Aéroparis），法国巴黎。
鸟瞰图，大约 1932 年

蓝图上加水粉

在埃菲尔铁塔脚下，月光照亮了水面，一架小型飞机正准备着陆在安德烈·卢卡特设计的机场——"空中巴黎"。机场位于塞纳河中央经过改造的天鹅岛。这幅建筑画是一张蓝图，这是一种通常用于日常工作复制图纸的媒介，但是在这里提升为表现工具。纸张通过暴露于光线中这种化学处理而呈现的蓝色，表现为夜空。因此，所有没有照到光线的部分变成白色，表现为照明：泛着白光的跑道、聚光灯柱和勾勒出的背景特征。

J·J·P·奥德（J. J. P. Oud）（1890-
1963 年）

**布利多尔普市政住宅项目，荷兰鹿特
丹。鸟瞰图，1931 年**

纸上铅笔、钢笔、彩色渲染和水粉画，
裱在图板上

画面中呈现的机翼端头，使观者处于双翼飞
机的驾驶室内。下方是 J·J·P·奥德设计
的集合住宅居住区的线性造型。蓝绿色渲染
使画面充满光感。建筑采用纸张留白的冷
白色，然后用反光的白色水粉进行强调。这
个方案本来打算建在鹿特丹，奥德从 1918

年到 1933 年间担任该市的市政住宅建筑师
（Municipal Housing Architect），但是这个
方案没有进行深入发展。

赫伯特·贝克（Herbert Baker）
（1862-1946年）

联合大厦（Union Buildings），南非
比勒陀利亚。透视图，带有插入的平
面图，大约1932年

铅笔和彩色渲染

尽管位于比勒陀利亚的联合大厦——南非首相和政府官员办公楼——于1913年竣工，但是其建筑师赫伯特·贝克在将近20年之后才委托绘制这幅水彩画，作为他的毕业论文（Diploma Work），提交给皇家艺术学院。在1932年他被选举成为皇家学会院士。为他绘制透视图的艺术家是南非的H·L·戈登·皮尔金顿（H. L. Gordon Pilkington）（1886-1968年）。他先是作为定约雇佣的年轻学生为贝克工作，当时联合大厦正在建

造中。皮尔金顿卓越的绘图技能使他来到伦敦，也就是贝克事务所所在地；在伦敦，他的巧手和画面跃动的效果成为抢手货。他绘制的这张联合大厦透视图，选取广场台阶底部的视角，台阶逐步上升到半圆形石柱廊，柱廊两侧是带有塔楼的外侧翼，以及克里斯托弗·雷恩（Christopher Wren）风格的穹顶。方案的复杂性以平面图来清晰地诠释，平面图就悬浮在画面的右上角。

117

SIENNE·AV·MOYEN·AGE

让-巴蒂斯特·乌利耶(Jean-Baptiste Hourlier)(1897-1987年)

中世纪意大利锡耶纳的重建。鸟瞰图,1932年

钢笔和彩色渲染

让-巴蒂斯特·乌利耶不像其他在罗马众多国立学院学习的研究生一样选择古典时期的课题,而是呈现了一个关于哥特时期的毕业论文课题:锡耶纳城中世纪最繁盛时期非常细致的考古学重建。那些豪宅的高高的防御塔楼与城墙挤在一起,就像钢笔绘制的长颈鹿一样。乌利耶的建筑画赢得了法国艺术家沙龙展(Salon des Artistes Français)荣誉大奖章。后来,在他漫长而出色的职业生涯中,其中包括战后对被损毁城市的修复工作,他一直是法国重要建筑项目的建筑师,包括爱丽舍宫总统居所,以及历史建筑康乃馨宫——约瑟芬皇后的乡间住宅。

安焦洛·马佐尼(Angiolo Mazzoni)
(1894-1979 年)

新圣母玛利亚火车站,意大利佛罗伦萨。中央大厅透视图,1932 年

炭笔和钢笔画

作为交通部官方建筑师,安焦洛·马佐尼已经设计了数座铁路建筑,他为佛罗伦萨市设计的新火车站方案被评审委员会拒绝,使他感到极为惊讶。对他的批评是强有力的,评委声称他的设计没有体现出进步,也没有表现出机器的动力,而这些正是意大利未来派建筑师广为传播的观点。对马佐尼来说,另一个绊脚石的到来是当政府决定对新圣母玛利亚火车站进行邀标竞赛时,马佐尼不知道是以官方身份参加还是以个人身份。为了增加获奖机会,他提交了三个方案:被拒绝的作品和两个变化的形式。这幅马佐尼绘制的建筑画采用他最喜爱的黑色炭笔媒介。这张表现中央大厅的作品取自新设计方案;强烈的阴影与大范围纸张留白——来自窗户、拱券、开口和反光表面的光线——形成鲜明的对比。

竞赛的获奖方案是一群称作"托斯卡纳小组"(Gruppo Toscano)的建筑师集体,由乔万尼·米凯卢奇(Giovanni Michelucci)挂帅。他们获得墨索里尼的批准将一个与马佐尼的设计并非完全不相似的方案建造起来。在这个建成方案中,窗户在剖面方向上向上延伸,形成屋顶和顶棚。作为补偿,评委会授予马佐尼和所有其他建筑师二等奖。

于尔耶·林代格伦（Yrjö Lindegren）（1900-1952 年）和托伊沃·杨蒂（Toivo Jäntti）（1900-1975 年）

奥林匹克运动场，芬兰赫尔辛基。鸟瞰图，1933 年

铅笔、蜡笔和钢笔画

于尔耶·林代格伦和托伊沃·杨蒂提交的这张令人目眩的画面，是他们为参加 1940 年赫尔辛基奥运会（推迟到 1952 年开幕）而举办的体育场设计竞赛的参赛方案的一部分。圆柱形塔楼在最终的设计方案中改为流线型，如今仍然是赫尔辛基天际线的一个地标。塔楼在地面与设备建筑的圆形屋顶交接。地平线上的条纹是设计的挡土墙。林代格伦和杨蒂以匿名方式参赛，仅仅标注了箴言"而是战斗"（but fighting well）（右上角），取自现代运动奠基者皮埃尔·德·顾拜旦（Pierre de Coubertin）的名言："奥林匹克运动最重要的不是取胜，而是参与；对人生而言，最重要的不是胜利，而是战斗。"

弗拉基米尔·舒科（Vladimir Schuko）
（1878-1939 年）和弗拉基米尔·格
尔夫列希（Vladimir Gelfreich）（1885-
1967 年）

苏维埃宫（Palace of Soviets），俄
国莫斯科。透视图，1933 年

黑色钢笔、水粉和红色、蓝色渲染

俄国政府炸毁了莫斯科基督救世主大教堂之
后，清理出莫斯科河沿岸靠近克里姆林宫的
大片场地，为设计苏维埃宫举办了一系列设
计竞赛，期望这座建筑作为该国最重要的纪
念建筑，成为代表大会和群众集会的场所。
在 1933 年举办的第一轮竞赛参赛作品中，
共有 272 个方案，包括当时许多最重要建筑
师的设计方案，其中有勒·柯布西耶、沃尔
特·格罗皮乌斯、埃里希·门德尔松和汉斯·珀
尔奇希（Hand Poelzig）。弗拉基米尔·舒
科和弗拉基米尔·格尔夫列希受邀进入最后
一轮竞赛，他们在 1933 年 2 月提交了这个
辉煌的设计作品。舒科作为舞台设计师的经
验在这个场景的表现中是显而易见的，使
之当之无愧地成为莫斯科大剧院（Bolshoi

Theatre）的宏大的歌剧院版本。工人游行队
列围绕着一根柱子，就像是罗马的图拉真纪
念柱和比萨斜塔的混合体。雄伟的宫殿自身
在风格上取自于位于威尼斯的总督府建筑。
随着斯大林巩固政权之后，历史主义成为明
显的转向，即从革命时期的先锋派现代主义
转向这种社会现实主义。

鲍里斯·约凡（Boris Iofan）以新古典
主义的设计方案赢得了竞赛，但是当局要求
舒科和格尔夫列希协助他为摩天楼设计一个
新方案。在斯大林的要求下，这座摩天楼顶
部设计了一个 100 米（328 英尺）高的列宁
雕像。然而，这一过于雄心勃勃的方案从未
建成。今天，大教堂的重建版本回到这块场
地上。

多米尼库斯·玻姆（Dominikus Böhm）
（1880-1955 年）

凯撒-威廉环路施帕恩大厦（Spahn
Building），**德国科隆。立面图，
1934 年**

描图纸上炭笔和红色、绿色渲染

多米尼库斯·玻姆几乎是一位专门设计教堂的建筑师——而且在该领域极具创意，在极少数情况下，他也着手设计世俗建筑。当他这样做的时候，他强烈地展现出在风格和建造材料方面与流行趋势的合拍。这张为一幢以出售和出租为目的的建筑（未实施）而绘制的设计图，采用功能主义风格，底层带有大片商店橱窗，办公室采用转轴式金属窗；

顶部两层退后，带有阳台（以植物和人物表现），并且设有屋顶露台。玻姆是一位炭笔画大师，这种手法在两次世界大战期间的德国建筑师中成为传统。尽管这是一幅严格按照比例绘制的设计图，但是玻姆通过以手指抹开建筑框架上的炭粉缓和了这种效果。他通过在炭粉中刮出一根线，来表现一位正在过马路的绅士拿着的手杖。

亚历山大·维斯宁（Alexander Vesnin）（1883-1959年）和维克多·维斯宁（Victor Vesnin）（1882-1950年）

重工业人民委员会大厦
（Narkomtiazhprom）（又称军需供给部大楼），俄国莫斯科。透视图，1934年

钢笔、黑色渲染和水粉画

这张为重工业部而设计的、体量巨大的政府办公楼夜景极具戏剧效果，看上去有点像发电站。这是亚历山大和维克多·维斯宁兄弟参加的设计竞赛参选作品，又是一个注定不会有结果的苏维埃建筑雄心。这座建筑位于重建的红场上，正对着列宁墓，维斯宁兄弟设计了四座巨型塔楼，由玻璃立面的人行天桥连接起来。为了制作这张夜景，他们把背景涂黑，纸张留白处成为发光的窗户；探照灯发出的圆锥形光线，是通过将画面部分遮盖起来，然后将水粉颜料喷上去或吹上去而形成的。

夏尔·阿达（Charles Adda）（1873-1938 年）

隆尚赛马场（Longchamp Racecourse），法国巴黎。绘有气球的鸟瞰图，大约1936 年

黑色卡片上彩色粉笔、白粉笔和水粉画

出生于阿尔及利亚的夏尔·阿达是专为法国富人和名流做设计的建筑师。他设计过豪华的酒店和商店，以及许多位于时尚海滨度假区多维尔的消遣用别墅。他还设计了位于巴黎布伦园林著名的隆尚跑马场（Longchamp Hippodrome）的赛马看台。就在这块场地上，在 1934 年至 1938 年间，他在同样是建筑师

的儿子雷蒙（Raymond）的协助下，设计了夜间庆典游乐会（fêtes de nuit），其中包括灯光秀。这张阿达绘制在黑色纸纸上的彩色粉笔画中，聚光灯照亮了马匹形状的气球，气球用绳子牵着，高悬在天空。庆祝节日的人群熙熙攘攘，位于画面下方明亮的灯光中。

卡伊·菲斯克（Kay Fisker）（1893-
1965年）

克尼佩尔桥（Knippelsbro）和集市
街建筑，丹麦哥本哈根。竞赛透视图，
1936年

钢笔、渲染和水粉画

在冷灰色渲染的天空之下，几抹色彩——尤
其是9路有轨电车和站在自行车旁的红衣女
孩——打破了这张表现哥本哈根街道生活的
单色场景那阴森的静寂。宽阔的大街穿越了
这座城市的内港，两侧是帆船的桅杆和码头
前沿的起重机，画面展现的就是克尼佩尔桥。
当卡伊·菲斯克于1936年为参加设计竞赛

而绘制这张建筑画时，这座桥正在建设之中。
画面展现了菲斯克设计的、沿集市街的对岸
新建筑。尽管菲斯克没能说服评委会选用这
一设计，但是他在不久前刚刚赢得的奥尔胡
斯大学（Aarhus University）设计竞赛，使
他成为一名重要的丹麦建筑师。

RAJA·TAGORE·RESIDENCE·CALCUTTA
WALTER·BURLEY·GRIFFIN·ARCHITECT·

沃尔特·贝理·格里芬（Walter Burley Griffin）（1876-1937 年）

泰戈尔拉甲住宅（Raja Tagore Residence），印度加尔各答。透视图，1936 年

灰色染色纸上钢笔、彩色渲染和水粉画

在 1935 年，沃尔特·贝理·格里芬离开澳大利亚，前往印度开展勒克瑙大学（University of Lucknow）的设计工作。格里芬用了 20 年时间设计澳大利亚新首都堪培拉，同时在墨尔本和悉尼成立了建筑事务所。他的妻子马里昂·马奥尼·格里芬（Marion Mahony Griffin）也是一位建筑师，他们在家乡芝加哥相识，当时他们都在弗兰克·劳埃德·赖特的事务所工作。马里昂为沃尔特的很多设计方案绘图，例如这幅未实施的私人住宅设计。画面中抹灰混凝土具有肌理的拉毛粉刷——马里昂以一簇簇螺旋状水粉来表现，极具特色——类似于弗兰克·劳埃德·赖特的"织物块体住宅"（textile block houses）（见第 70 页）。

OPERA HOUSE · FOR · SYDNEY

马里昂·马奥尼·格里芬（Marion Mahony Griffin）（1871-1961 年）

歌剧院，澳大利亚悉尼。立面图，1938 年

灰色染色纸上钢笔、彩色渲染和水粉画

马里昂·马奥尼出生于芝加哥，她在弗兰克·劳埃德·赖特事务所作为建筑师和效果图画家工作了 15 年。在 1911 年她与事务所同事沃尔特·贝理·格里芬结婚，他们一起首先移民澳大利亚，然后到了印度。在印度人们认为他们设计了超过 100 幢草原学派风格的建筑。在结婚 28 年之后，沃尔特于 1937 年死于腹膜炎，留下马里昂完成他们共同的设计，随后马里昂回到芝加哥。

马里昂绘制的这张悉尼歌剧院设计（见第 190 页约翰·伍重设计的歌剧院，后来建成了）是基于她已故丈夫的设计——两年前为艾哈迈达巴德市政府办公楼设计的扩建项目。马里昂为大会堂增加了扁平的穹顶，以及台塔（fly tower）（黑色部分），并且改变了肋材构架，以强调印度风格的重复拱券和球状穹顶。没有人知道她为何绘制这幅设计图。

奥 斯 瓦 尔 德 · 黑 尔 特 (Oswald Haerdtl)（1899-1959 年）

1937 年世界博览会奥地利馆，法国巴黎。研究草图，1936 年

方格纸上铅笔和彩色渲染

方格纸的网格线和白色，与黑色渲染的背景形成强烈对比，强调了奥斯瓦尔德·黑尔特设计的这座全玻璃建筑立面的矩形所展现的现代性和透明性。这是为其祖国在 1937 年巴黎博览会上的展馆而举办的设计竞赛方案。这位建筑师在参加了 1935 年布鲁塞尔博览会奥地利馆的设计竞赛并获奖之后，以

这个设计再次获得成功。透过玻璃立面看到的波浪形蓝色渲染，勾勒出阿尔卑斯山脉巨型全景图，以及新的道路系统。其他展品还包括由黑尔特的老师和顾问约瑟夫·霍夫曼（Josef Hoffmann）设计的女宾室，以及由黑尔特另一位以前的建筑教授约瑟夫·弗兰克(Josef Frank)进行室内陈设设计的起居室。

查尔斯·霍尔登（Charles Holden）
（1875-1960年）

"夜景"（*Nocturne*）：伦敦大学议
事大楼（Senate House），英格兰
伦敦。透视图，1936年

钢笔、彩色渲染和水粉画

在画面左下角，透视图艺术家雷蒙德·迈
尔斯考夫-沃克（Raymond Myerscough-Walker）将这幅抒情诗般的构图称作"夜景"。
查尔斯·霍尔登设计的这座伦敦大学行政总
部大楼沐浴在泛光灯的照明之下，阴影部分
贯穿底层直到旗杆。石材立面被反射而呈现
的发光度，是以将色彩浓郁的奶油色纸张留

白，并以耀眼的水粉强调阳台、窗户和装饰
线条的底面而形成的。天空和道路的表面以
油漆喷雾器喷上黑墨水，还要小心地遮挡住
建筑。然后，作为最后一笔，迈尔斯考夫-
沃克通过在一个圆形模板内，吹上水粉颜料，
创造出街灯周围的白色光晕。

阿尔内·雅各布森（Arne Jacobsen）
（1902-1971 年）

斯特兰维珍（Strandvejen）德士古
加油站（Texaco Petrol Station），
丹麦哥本哈根。鸟瞰图，1936 年

铅笔、彩色渲染和水粉画

在厄勒海峡蓝色背景的衬托之下，在德士古石油公司红色五角星标志下面，阿尔内·雅各布森描绘了他设计的一座小型加油站。这是为日益增多的机动车而服务的，这些车辆往来于哥本哈根北部郊区斯特兰维珍地区，使用附近的码头、游艇和划船俱乐部。钢筋混凝土墙体上覆盖着大片易于清洗的白色瓷

砖，以水平方式排列。单坡屋顶向外延伸到油泵和前院上方时，成为一个椭圆形雨棚，天黑之后成为下方灯光的巨大反光面，投射出光线。雅各布森设计的斯特兰维珍加油站在当时是非常进步的设计，如今仍在使用，成为现代性的一个珍贵图标。

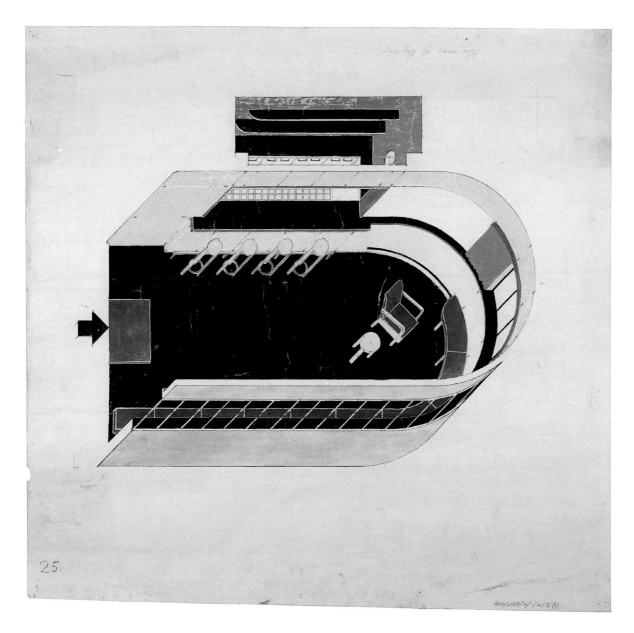

25.

AHb/2002/3/1413(2)

克里斯托弗·尼柯尔森（Christopher Nicholson）（1904-1948 年）

伦敦滑翔俱乐部（London Gliding Club），英格兰邓斯特布尔。酒吧轴测图，大约 1936 年

版画上加水粉

克里斯托弗·尼柯尔森两个极为热衷的兴趣——飞翔和建筑，在他为贝德福德郡的邓斯特布尔丘陵脚下的滑翔俱乐部会所设计时，结合了起来。这座建筑仍旧用于最初设计的用途，被认为是英国早期现代主义运动最优美的小型建筑珍宝之一。这位建筑师的妻子 E·Q·尼柯尔森（E. Q. Nicholson）是一位艺术家，她负责室内设计，包括酒吧内

色彩选择，以及选用阿尔瓦·阿尔托设计的家具。这幅轴测图的绘制和上色有可能是尼柯尔森和不久前刚加入事务所的他的一位学生——年轻而有朝气的休·卡森（见第 162页）——之间合作的结果。在第二次世界大战之后，卡森成为英国艺术和建筑舞台上的重要人物。尼柯尔森在完成一次滑翔比赛后飞机失事，死于阿尔卑斯山脉，年仅 44 岁。

奥斯卡·尼奇克（Oscar Nitzchke）
（1901-1991 年）

广告大厦（Maison de la Publicité），
香榭丽舍大街，法国巴黎。立面图，
大约 1936 年

写生簿卡纸上石版画，上加钢笔、铅
笔、彩色蜡笔、水粉和照片拼贴

这幅立面图是一个假想的媒体中心项目，带
有现代主义风格的立面，在香榭丽舍大街
两侧优雅的、建造于"优美时代"（Belle
Époque）的建筑群中显然会看上去很不一致。
这幅画由出生在德国的建筑师奥斯卡·尼奇
克绘制。他曾经有一段时间在巴黎跟随勒·柯
布西耶学习和进行建筑实践。这幅画采用多
种媒介表现方式，就像这座大厦所代表的一
样。基底图形是印制在图板上的石版画。地

面层展示空间用蜡笔淡淡地上了一层色彩。
在这座广告代理办公楼的上部和前面，尼奇
克加了一层钢笔线条绘制的网格，代表金属
网框架，用来安装不断变化的广告展示，而
这些广告就是要在这座大厦中制作的。图像
与字母混杂在一起，加上拼贴的印刷纸图片，
是为了在这条繁忙的大道上产生引人注目的
广告牌效果。

阿尔内·克尔斯莫（Arne Korsmo）
（1900-1968年）

1938年"我们能够"（We Can）展览会入口电缆塔，挪威奥斯陆。透视图（局部），大约1937年

版画上加铅笔、彩色渲染和水粉

芥末黄是阿尔内·克尔斯莫最喜爱的颜色。在这幅画中，他利用这种颜色展现了这座长长的展览建筑的外墙。这座建筑将标志着在两次世界大战期间挪威规模最大的展览——手工艺和工业协会（Crafts and Industries Association）举办的百年展（Centenary Exhibition）入口。耸立在灰色渲染的天空中

的，是"刀"（The Knife）——一座30米（98英尺）高的混凝土雕塑，在建成后将漆成银色。在克尔斯莫绘制这幅作品的时期，他正沉浸在1937年巴黎国际博览会挪威馆设计成功的喜悦之中。在两年后，这一作品使得他被册封为荣誉军团骑士。

莫恩斯·拉森（Mogens Lassen）
（1901-1987年）

厄勒公园（Ørstedsparken）温
室，丹麦哥本哈根。室内透视图，
1937年

水粉画

白色颜料绘制在白纸上，代表着玻璃上的金属材质，为莫恩斯·拉森设计的温室竞赛方案的建筑布局增添了半透明感。这座暖房就在铺满了色彩斑斓的鲜花、爬藤植物、看上去要倒下来的棕榈树之中伸展开。这个项目并没有建成，本来的目的是寻找一种方式纪念丹麦伟大的童话作家汉斯·克里斯蒂安·安徒生（Hand Christian Anderson），但是不采用传统的雕像做法。这座玻璃暖房拟建在哥本哈根的厄勒公园，希望能为孩子们所喜爱。这座公园是在19世纪70年代古老的城市防御土墙基址上形成的；基地靠近湖泊，这个湖是先前遗留下来的护城河。玻璃暖房将倒映在湖水中。在北方寒冷的冬天，拉森想象孩子们来到他创造的、充满温暖和明亮的童话世界中——一个充斥着来自地中海的植物和鸟类的天堂。

赫伯特·拜耶（Herbert Bayer）
（1900-1985 年）

现代艺术博物馆"包豪斯 1919-1928
年"（Bauhaus 1919-1928）展览，
美国纽约。展览平面图，1938 年
钢笔、水粉和剪贴的铜版纸

来自纳粹的压力迫使进步的包豪斯艺术与
设计学校于 1933 年关闭。学校创办者沃尔
特·格罗皮乌斯和很多其他教师，包括赫伯
特·拜耶、路德维希·密斯·凡·德罗和马
歇·布劳耶，都定居在美国。他们对于美国
的设计产生了深远的影响。1938 年在纽约
现代艺术博物馆举办的里程碑式的展览，主
要关注于这所学校前十年的作品，被证明是
对包豪斯理想的认可与传播的最重要时刻之

一。拜耶绘制的这幅展览平面图建筑画，挂
在洛克菲勒中心广场下部的博物馆地界内，
用白色水粉强调了地板上的图案，以此引导
参观者以正确的顺序，按照主题发展来观赏
房间内的展品。像书法一样的形状反映了拜
耶在印刷样式方面的专长，他在包豪斯也教
授这些内容。拜耶还设计了展览目录，在后
来的半个世纪中不断重印，成为许多设计与
建筑学院的标准教科书。

克里斯托弗·尼柯尔森（Christopher Nicholson）（1904-1948 年）

西谷地区（West Dean）万神庙，英格兰苏塞克斯郡。住宅背面的模型一景，1938 年

模型照片加水粉，裱在板上

爱德华·詹姆斯（Edward James）是一位富有的超现实主义画家赞助人，这些画家中包括萨尔瓦多·达利（Salvador Dali）。他热衷于居住在位于苏塞克斯郡地产上梦幻般的乡村住宅这样的念头。在 1937 年，他买下不久前刚刚拆除的万神庙的石砌块立面。这座建筑建造于 18 世纪晚期，位于伦敦牛津街，是一度广受欢迎的会馆。然后詹姆斯请他的建筑师克里斯托弗·尼柯尔森在这个立面的后面设计一座现代化住宅。这张相当诡异的照片表现了尼柯尔森设计的、以石膏为

面材的住宅背面模型，艺术家约翰·派珀（John Piper）（1903-1992 年）在照片上，沿着楼上阳台绘制了一排女像柱，就像复活节岛雕像一样，反映了当时流行的弗洛伊德式神经症的精神分析世界。设计方案拟以金属片来构建这些雕塑。然而，这座住宅并没有建成；詹姆斯于 1939 年移居美国，然后又到了墨西哥丛林，他在那里度过了余生，一直在亲手建造一座混凝土结构的超现实主义花园。

eglise de zwartberg carrelage du choeur pm 010

亨利·拉科斯特（Henry Lacoste）
（1885-1968 年）

兹瓦特堡（Zwartberg）的布莱阿里
的圣艾贝尔特（St Aybert）教堂，比
利时亨克。唱诗席地面铺装平面图，
1939 年

钢笔、黑色蜡笔、水粉和彩色渲染

亨利·拉科斯特为一座教堂的西端打造了这个装饰性地面铺装设计，使之沐浴在半晌阳光那金色的光辉里，光线从西南方向倾泻而入。深深的阴影将这个平面转变成室外场景的鸟瞰图。由于瓷砖铺砌方式采用了罗马教堂古老的地板风格，其效果就像是一处完好无损的遗迹。这种历史风格的影响来自于拉科斯特曾经预期的很多研究考古学遗址的远征。

拉科斯特在接受委托设计这个唱诗席扩建项目之前，已经负责建造这座教堂长达十多年。不久前在一座法国修道院发现了这座教堂献纳的圣人的中世纪空石棺，教区牧师希望将之作为祭坛。在这幅画中，祭坛的长方形石板被放置在升高的台子上，和教堂正厅地面一样高，但是正如左下方三步台阶的阴影所提示的，位于下沉的唱诗席之内。

EXPOSITION INTERNATIONALE DE L'EAU A LIÈGE EN 1939

PAVILLON DU CONGO

H. LACOSTE ARCHITECTE

亨利·拉科斯特（Henry Lacoste）
（1885-1968年）

水运技术国际博览会（International
Exposition of Water）比利时属刚果
馆胜利纪念柱，比利时列日。透视图，
大约1938年

钢笔、水粉和彩色渲染

亨利·拉科斯特设计的比利时属刚果馆尽管看上去像一出壮观的滑稽轻喜剧场景，但是从现代后殖民主义观者的眼中，却激发了小说《黑暗的心》（heart of darkness）[1]中那种令人不安的情绪。裸体黑人形象围绕着一个由巨大雕塑组成的纪念碑式的图腾柱、或者叫胜利纪念柱跳舞，这些雕像取材自各个刚果部落的面具。蒸汽的巨浪不断上升，显得香火缭绕。

在拉科斯特绘制的这张透视图中，他设计的锯齿形立面在水景效果的对比中黯然失色。这是为1939年举办的庆祝130公里（81英里）长、连接列日与安特卫普的阿尔贝特运河（Albert Canal）开通而举办的博览会应景之作。拉科斯特就像其他在两次世界大战之间的建筑师和艺术家一样，极为推崇非洲艺术。

---

[1] 康拉德的小说《黑暗的心》是公认的20世纪文学经典、淋漓尽致地刻画了殖民主义者的心态。——译者注。

罗杰 - 亨利·埃克斯佩（Roger-Henri
Expert）（1882-1955年）

1939年纽约世界博览会法国馆，
美国纽约。"荣耀殿堂"（rotonde
d'honneur）透视图，大约1938年

水彩和水粉画

法国艺术装饰风格的绝笔不仅仅在本土出
现，也出现在纽约。罗杰 - 亨利·埃克斯佩
与他的同事——建筑师皮埃尔·巴杜（Pierre
Patour）——共同设计了这道优雅的时尚甜
点——纽约世界博览会法国馆。博览会在
1939年和1940年的夏季开放，在德国入侵

法国后几个月后就结束了。埃克斯佩是一位
展馆设计专家，不久前设计了在巴黎举办
的1937年博览会托卡德侯公园（Jardins du
Trocadéro）的许多喷泉，直到今天这些喷泉
还在继续喷水。在这幅水彩画中，他设计的
喷泉出现在壮观的大楼梯右下角。

克拉伦斯·W·维金顿（Clarence W. Wigington）（1883-1967年）

1940 年 冬 季 狂 欢 节（Winter Carnival）火王的冰雪宝座，美国明尼苏达州圣保罗市。立面图，大约1939年

描图纸上铅笔和彩色蜡笔画

冰冻的装饰艺术风格？这是一座将要用冰块建造的塔。这张设计图由非洲裔美国建筑师"船长"克拉伦斯·W·维金顿（Clarence 'Cap' Wigington）以青绿色蜡笔绘成。作为 20 世纪 30 年代和 40 年代圣保罗市资深建筑师，维金顿尽管设计的作品多数是学校、消防站和行政建筑，但是也为年度冬季狂欢节设计冰雪城堡和附属构筑物。这些冰雪构体体量巨大；这座塔有四层楼高，超过18 米（59 英尺），在冰块架子上以色彩丰富的材料结合了华盖和旗帜。这个宝座是为

1940 年冬季狂欢节而设计的，是一组戏剧化冰雕建筑中的核心支柱。这些情节都围绕着狂欢节的优美的童话故事。每年都会建造一座巨大的冰雪宫殿，这是寒冷的北风之王波瑞阿斯（King Boreas）和白雪皇后的家，每年都会有一对当地市民扮演国王和王后，在节日开始的时候进行加冕仪式。他们的敌人伏尔甘·雷克斯（Vulcanus Rex）是火王，将要从他的冰雪宝座上降临，袭击这座宫殿，以此结束狂欢节。

路德维希·密斯·凡·德·罗（1886-
1969年）

**伊利诺伊理工大学，美国芝加哥。设
计草案的透视图，1939年**

板上铅笔和炭笔画

在20世纪30年代早期，迫于纳粹统治的政
治压力，路德维希·密斯·凡·德·罗关闭
了包豪斯，离开了他的祖国德国，移民到美
国，在不久前合并的伊利诺伊理工大学接替
了建筑学院的领导席位。他的第一个大型项
目就是为这座占地达120英亩的校园基地设
计总平面，并设计了许多主要建筑，包括建

筑学院大楼。这张画展现的是一组钢框架建
筑，低矮地趴在地面，带有大面积玻璃窗，
以密斯最喜爱的黑色炭笔轻扫而成，这也是
两次世界大战期间德国建筑画技术的一个特
色。这张画和这座建筑都是"密斯"风格的
经典例子。

1939 – 1959 年

现代建筑画

第二次世界大战给予现代主义设计以推动力，使之成为主导性力量——国际式风格。现代主义建筑的主要组成部分体现在对技术和预制的依赖，从而迅速传遍欧洲，使得欧洲国家得以重建，并且在经历战后蓬勃发展的那些国家里也得到传播。结果是，现代建筑画极少展现乌托邦式的特点，而在资金更为不足的两次世界大战期间这种乌托邦品质成为主导的运动，例如未来主义和表现主义；取而代之的是，建筑画更为实际，仅仅是简单地渲染，适应于它们所表现的建筑。

当时涌现出来的即兴草图，成为一种具有表现力的交流性图画，由于具有启发性而得到研究，就像传统的完美透视图因逼真和细节而得到探索一样。新一代建筑师都是在战前接受的教育，这种教育更加非正式；他们不像前几代人那样对历史风格充满兴趣，而是对抽象和比例的新理想更为接纳，正如勒·柯布西耶为其模数体系而画的许多草图（见第 147 页）所充分表现的那样。

路易斯·康是又一位现代主义建筑和绘图大师，可以说他将费城市中心交通重组的研究草图变成了当代抽象表现主义的图画（见第 161 页），就像杰克逊·波洛克制作的黑白色行动绘画（action painting）。类似的是，巴西景观建筑师罗伯托·布雷·马克斯为公园和城市环境设计了许多有机主义方案（见第 151 页）。这是反对现代主义运动直线几何形的抽象表现，与建筑师奥斯卡·尼迈耶设计的曲线建筑（见第 310 页）相得益彰，后者与马克斯密切合作过。同样也在美洲，墨西哥以这个世纪所青睐的材料——混凝土，令人震惊地步入现代主义。菲力克斯·坎德拉将混凝土塑造成双曲抛物面，他的建筑画常常以技术试验的形式呈现（见第 165 页）。路易斯·巴拉干就像是混凝土建筑的雕塑家，为他设计的着色的构筑物和建筑绘制了色彩跳动的建筑画，展现了墨西哥人对色彩的热爱。他绘制的、表现在繁忙高速公路中央交通岛上的一组巨大电缆塔的鸟瞰透视图，就是对色彩理论的研究，而这正是包豪斯的传承（见第 170 页）。

对于大型项目来说，例如办公塔楼和公共建筑，建筑师跳脱出美术学院体系的传统，倾向于崭新的现代主义。到 20 世纪 50 年代，大型项目，例如由受人尊敬的建筑师华莱士·哈里森（Wallace Harrison）设计的、位于纽约的林肯演艺中心，因壮丽宏伟感而备受推崇，尤其是当这些作品由建筑渲染之王休·费里斯（见第 107 页）绘制时。但是这些项目仍然是充满争议的，并且拖拖拉拉才建成，因为对设计和表现两者都有外观陈旧的担忧。进步建筑师由材料的施工便捷所引领，尤其是钢和玻璃，产生了相应的设计简洁而优雅的解决方案。在设计位于哥本哈根的 SAS 皇家饭店（SAS Royal Hotel）时，丹麦建筑师阿尔内·雅各布森为在钢框架上悬挂非结构作用的玻璃板幕墙制作了优雅的小草图，同时也考虑到了色彩和比例（见第 169 页）。

现代主义对战后公共建筑和社会建筑项目的飞速发展具有重大影响，尤其是席卷欧洲的大型住宅项目。对住宅的需求如此没有止境，以至于芬兰建筑师威里欧·雷维尔为一座长长的流线型公寓楼绘制的设计图，一直延伸到画面之外，好像无穷无尽（见第 164 页）。建筑师伉俪艾莉森和彼得·史密森夫妇为围绕着社会住宅和城市设计的争辩，添加了视觉的推动力（见第 163 页），与现代主义保守派，例如勒·柯布西耶彻底决裂。史密森夫妇和他们的建筑如此具有争议，以至于几乎没有机会建造出来; 取而代之的是，他们的著作，尤其是他们的建筑画，就像社会实验中的心理学课程一样，继续使得史密森夫妇受到高度推崇，然而，仍旧争议不断。

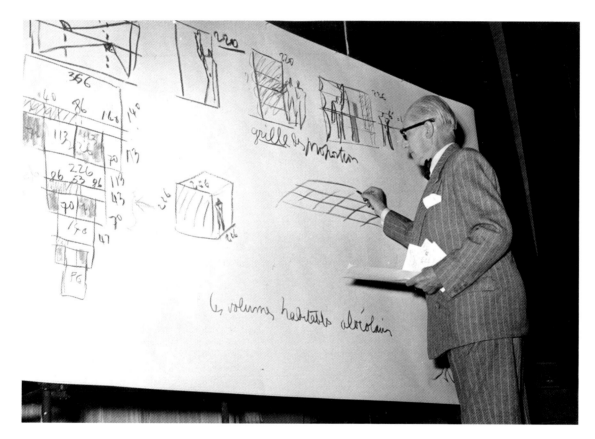

勒·柯布西耶在第九届米兰三年展（Milan Triennial）的演讲中，以草图形式讲解他提出的模数概念，1951 年

勒·柯布西耶以边演讲边在大幅纸张上画图而著名，他以此解释其建筑原则，尤其是这些原则与他提出的模数体系的比例尺度相关时（见第 99 页和 147 页）。在画面底部，这位建筑师写着"单元式居住的体量"（les volumes habitable alvéolaires）。

埃内斯托·拉帕杜拉（Ernesto La Padula）（1902-1968 年）

世博城（EUR City）意大利文化宫（Palace of Italian Civilization），意大利罗马。立面透视图，1939 年

帆布上蛋彩画

埃内斯托·拉帕杜拉设计的这座政府建筑表达了对拱券的崇敬，这是罗马建筑的荣耀，在这个帝国最偏远的角落都能看到这种建筑支撑形式。拉帕杜拉的透视图以蛋彩画绘制在帆布上，再呈现在上色的木板上，这是在文艺复兴时期很常见的媒介和支座。立面由104 个拱组成不断重复的图案，再加上水池

中数十个拱券的倒影。该项目的尺度使得那些强壮男性的巨大雕像相形见绌。这个由拱券组成的立方体于 1943 年建成，意欲成为贝尼托·墨索里尼（Benito Mussolini）的法西斯政府在罗马边缘新建的世博城的主要办公建筑。

汉斯·夏隆（1893-1972 年）

建筑幻想画。透视图，1943-1945 年

铅笔和彩色渲染

在第二次世界大战中那些暗淡的日子里，汉斯·夏隆仍然留在祖国德国。他继续设计私人住宅，直到 1943 年，那时已经无法进行任何建造了，因为战争达到了顶点，此时他就对炸毁的建筑进行勘察。在晚上，他绘制建筑幻想的水彩草图，就像他年轻时曾经做过的（见第 50 页）。表现主义运动的理想主义，尤其是"城市之冠"（Stadtkrone）

的理想主义从未离开过他。这幅绘制于困难时期的画作是他大多数绘画作品的典型代表，即一座不确定类型的建筑，设置在山区一样的环境中，带有层层上升的楼梯和人物形象。在那些更早期和这些在战争时期绘制的幻想画中，就孕育着他最著名的战后建筑的萌芽，例如柏林交响乐团音乐厅（1956-1963 年）。

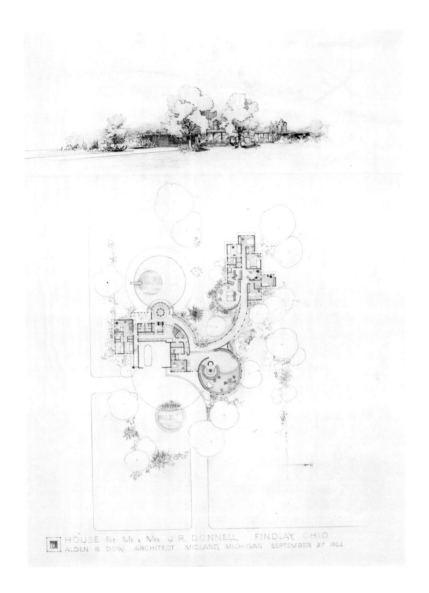

奥尔登·B·道（Alden B. Dow）
（1904-1983 年）
位于芬德利的唐奈住宅（Donnell House），美国俄亥俄州。平面和正立面透视图，1944 年
描图纸上彩色铅笔

奥尔登·B·道相信弯曲的线条比直线有更多的空间宽敞感。唐奈住宅是一个没有实施的委托，其平面图表现出道正处于最强调曲线的阶段。这张平面图可以看作是一次使用制图圆规的练习。几道玻璃墙走廊将卧室侧翼（在透视图中处于右上方）与大型圆形起居室（炫耀地设计了一个新月形沙发）连接，再连接到厨房，其中的圆形餐桌伸入凸窗，窗子与游泳池甲板的圆形交接。在绘制这幅画的时候，道正在设计德克萨斯州的莱克杰克逊（Lake Jackson）项目，这是一个带有曲

线街道的新居住社区，路名也表达了曲线的含义，例如圆形路（Circle Way）和弯曲路（Winding Way）（还有著名的"这条路"（This Way），和"那条路"（That Way））。他自己的住宅和工作室可以追溯到 20 世纪 30 年代，目前向公众开放，在这个设计之后他就完全采用曲线了。从这座住宅中可以看到草原学派建筑师的低矮矩形设计。道曾经做过弗兰克·劳埃德·赖特的学徒，他决定模仿师傅，在画作中采用受日本绘画影响的红色印章，作为其画押字，在画面的左下角。

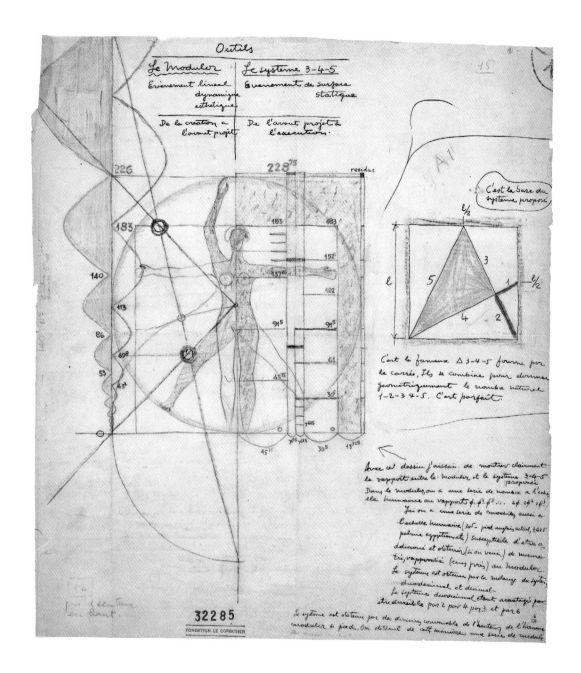

勒·柯布西耶（1887-1965年）

模数，1945年

描图纸上钢笔和彩色蜡笔

勒·柯布西耶的模数是一套基于人体尺度而形成的和谐的比例体系。在这张图中，以一位妇女伸开手臂达到的最适宜的高度2.26米（7英尺5英寸）来表现。尽管那个时期的建筑师并不总是在细部方面追随勒·柯布西耶的原则，但是他们常常求助于数学比例，将之作为建筑设计的基础，这正是受他影响的结果。勒·柯布西耶对这张表现模数的图解进行了大量的解释。方框内的绿色三角形代表古老的毕达哥拉斯比例，也是他提出的现代体系的基础。在这个图形下方，他对此评论道："这是完美的。"（*C'est parfait*）

克洛德·勒克尔（Claude Le Coeur）
（1906-1999 年）

"可居住 6000 人的绿色城市"
（Green City for 6000 Inhabitants）：
克伦堡，法国斯特拉斯堡。模型，大
约 1946 年

木板上加颜料

这个建筑模型被涂上了浓重的色彩，建筑
表现如此不引人注目，以至于近乎是一副
建筑画或者一张浅浮雕地形图。大多数木
制的建筑模型，尤其是为大型地产项目而
制作的，就像这个位于法国的大型项目，
通常很少放任于色彩斑斓之中；材料常常
是保留天然原状。但是这个由克洛德·勒克
尔——1945 年委任的战后重建部（Ministry

of Reconstruction）建筑师——设计的方案，
是一座"绿色城市"。这个方案导致在斯特
拉斯堡西北部创建了一个郊区行政区，位
于著名的克伦堡凯旋啤酒厂（Kronenbourg
Brewery）邻近地块上。在模型中，建筑被
涂成白色，道路是红色的，而景观布置则是
秋天色彩的叠置图案。

马歇·布劳耶（Marcel Breuer）
（1902-1981年）
位于绿宝市（Greenburgh）的劳恩赫斯特住宅（Lawnhurst House），美国纽约州。透视图，大约1947年
钢笔画

马歇·布劳耶是包豪斯先前的师傅，他于1937年离开德国前往美国，起先在哈佛大学任教。但是战争刚一结束，他就在纽约市开设了一家事务所，以系列住宅设计重新建立起声誉，这些住宅大部分是木结构的。这张以铅笔和钢笔绘制的建筑画，就是为这样的住宅（尽管没有建成）设计而制作的，是为画面中那位抽着烟斗、系蝴蝶领结的理查德·劳恩赫斯特（Richard Lawnhurst）而设计的，他从贯通天花和地板的玻璃墙后面审视着眼前的景色。布劳耶避免绘制阴影，以强调这座现代建筑的直线条，并且使其从石砌墙材和蛙池自然随意的形式中突显出来。餐桌、椅子和躺椅都取自布劳耶战前设计的作品。

戈登·卡伦（Gordon Cullen）（1914-1994 年）

"威斯敏斯特重建"（*Westminster Regained*）：阿宾顿街基地上的餐馆兼酒馆和庭院，英格兰伦敦。透视图，大约 1947 年

钢笔和彩色渲染

在第二次世界大战之后，随着英国努力修复被炸毁的城市，这幅由戈登·卡伦绘制的画面，代表了对未来的希望，同时还掺杂着消除往日恐惧的感觉。这幅小巧的水彩画是 1947 年 11 月出版的《建筑评论》（*Architectural Review*）中一组六幅图片中的一例，这些图画采用彩色印刷，在当时还是很罕见的。这些作品表现了卡伦对威斯敏斯特宫周边地段的重新规划方案，这也是英国议会所在地；威斯敏斯特宫新哥特风格的维多利亚塔楼在画面中心耸立着。底层建筑和庭院周边的排屋是现代的，但也是基于 18 世纪典型英国街区的实例。整个场景是通过一家餐馆兼酒馆双层高空间里的大片厚玻璃板窗户看出去的，玻璃窗上还有一些百叶窗顽皮地、歪歪斜斜地垂拉着。在这些绅士中，有一位腿下塞着公务员式的公事包，他们都全神贯注于手中的读物，对这个新世界心满意足。卡伦就是凭借这幅画，初步展现出他可以成为一名重要的战后城市规划师，并且已经开始建立作为重要透视画家的声誉。

德米特里·切丘林（Dmitri Chechulin）
（1901-1981 年）

**行政建筑，俄国莫斯科。透视图，
1948 年**

钢笔、铅笔、彩色渲染和水粉

莫斯科的天际线以点缀着七幢塔楼而闻名，其设计就像是婚礼上的蛋糕，人们称之为"斯大林的摩天楼"（Stalin's Skyscrapers）。而它们的确是约瑟夫·斯大林的得意项目：这是一项与美国摩天楼竞争的提议，而这也是苏维埃俄国所缺乏的，同时从风格上也强调了这位独裁者反现代的审美观。由莫斯科首席建筑师德米特里·切丘林绘制的这张设计图，本来会成为第八幢摩天楼，画面所展现的建筑可能更适合于放在 20 世纪 20 年代或 30 年代的纽约，而不是战后的俄罗斯。

塔楼的金色尖顶展现了苏联的国家象征，就像所看到的那样，建造目的是为矗立在莫斯科弗奈斯基桥（Moskvoretsky Bridge）基座这块基地上，就在克里姆林宫边上。建造的确开始了，但是从来没有完成基础施工阶段。切丘林绘制的这张透视图作为那个时期建筑表现所呈现的社会现实主义计划的官方典范，给人以深刻的印象：幅面巨大，超过 2 米（6½ 英尺）高，遵循着朴素而具有宣传性的形象。

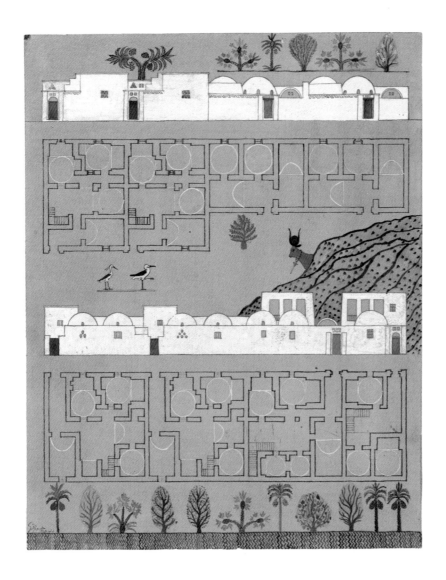

哈桑·法赛（Hassan Fathy）（1900-
1989 年）

新古尔纳村（New Gourna Village），
埃及卢克索。平面图和立面图，大约
1948 年

彩色钢笔、彩色渲染和水粉

哈桑·法赛以埃及纸莎草和坟墓壁画风格呈现的这个新村方案，位于尼罗河西岸的卢克索，这是古老的底比斯城所在地。新古尔纳村这个模范村庄由政府出资，目的是重新安置附近老古尔纳村的居民，他们居住在洞穴里和山脚下的房子里，这些房子就在他们挖开的隧道上方，村民们利用这些隧道来盗墓。画面的边缘是程式化的树木，而涂成白色的住宅立面支撑着小型穹顶，在相应的平面中穹顶以白色圆圈表示。位于中央的场景可以解读为法老的（Pharonic）象征：有两只鸟，其中一只是贝鸯鸟，它是重生的象征，正在昂首挺胸地走向母牛神哈托尔（Hathor），它从一座山后露出头来，是矿工的守护神。

法赛设计的村庄建成后，因其采用当地土坯砖进行建造而受到赞誉；这是尊重穆斯林传统的表现，而且为男人设计了公共空间，为女性设计了私密空间；社交性的娱乐休闲设施包括一座清真寺、一座剧场和一处集市。然而，大多数古尔纳村民拒绝搬进这个基本上是以西方概念建造的、房间都有着特定功能的住宅中，对于他们挤在一间屋子里的集体生活来说，这简直是天外来客。

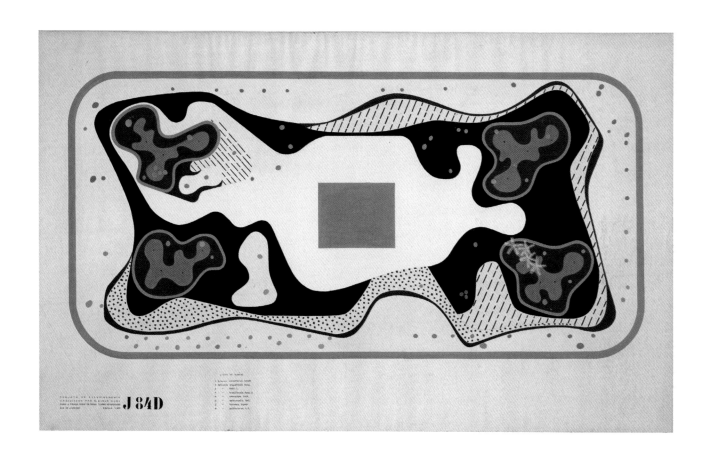

罗伯托·布雷·马克斯（Roberto
Burle Marx）（1909-1994 年）

卡希亚斯公爵城马查多广场（Largo
do Machado），巴西里约热内卢。
平面图，1948 年

钢笔和水粉画

罗伯托·布雷·马克斯设计的景观平面，看
上去像有机形状的抽象绘画。作为巴西现
代花园和城市景观大师，马克斯在路面铺装
方面尤其卓越，最著名的是为里约热内卢的
科帕卡巴纳海滩整个长度的散步道设计的图
案。马查多广场也在里约市，是一个热闹的
行人广场，马克斯以三种不同的色彩布置来
自葡萄牙的石块。画面中央底部左侧的图例

表明，平面中的绿色图形将种植主要开大红
色花朵的蝎尾蕉属植物，其上部是棕榈树，
在画面中以白色棕榈叶表示。中央的灰色矩
形是现有圣母玛利亚雕像的位置，雕像属于
主导广场端头的教堂。广场建造于 1954 年
完成，马克斯在 1967 年为新增的种植再次
设计了这个广场。

保罗·索莱里（Paolo Soleri）（1919-2013 年）

"亚利桑那巢居"（*The Arizonian Nest*）：住宅的剖面和透视图，1948 年

铅笔、彩色钢笔和彩色渲染

在这幅由意大利裔美国人建筑师保罗·索莱里绘制的建筑画中，一座住宅像老鹰的巢穴一样栖息在岩石群露出地面的岩层中。纸张右边的透视图表现了半球形屋顶；假使这座房子能够建起来的话，屋顶会由两层材料构成，一层不透明材料覆盖在半透明层上。通过定时马达的控制，屋顶可以旋转，使住宅各个部分能够躲避灼热的太阳。左边的剖面图展现了屋顶如何收起来。

索莱里出生于意大利，不久前在亚利桑那州西塔利森追随弗兰克·劳埃德·赖特，成为他的学徒。后来他最终定居在附近，建立了阿科桑蒂（Arcosanti）乌托邦式的沙漠社区，这是根据其"生态建筑"（arcology）——建筑（architecture）和生态（ecology）的合成词——理论而创建的。

斯特凡·布扎什（Stefan Buzás）
（1915-2008 年）

"探索圆顶"（Dome of Discovery）内的地球科学部分，在泰晤士河南岸举办的 1951 年不列颠节（Festival of Britain），英格兰伦敦。透视图，大约 1949 年

彩色粉笔画

"国家的一剂补药"（A tonic to the nation），就是 1951 年不列颠节导演杰拉德·贝利（Gerald Barry）描述在整个不列颠诸岛举办的盛大庆典的词汇。这是庆祝经历了漫长而阴郁的战争时期、以及持续的战后节衣缩食生活之后精神生活的复兴。这个节庆的典范就是位于伦敦泰晤士河南岸的展览建筑快乐大杂烩。最大的构筑物之一就是由拉夫·塔布斯（Ralph Tubbs）设计的巨大碟形穹顶建筑 "探索圆顶"。在为这座以地球科学为主题的穹顶建筑内筹备布展时，出生于匈牙利的斯特凡·布扎什绘制了这幅彩色粉笔画，成为以轻薄金属结构和球体组成的 "庆典风格"（Festival style）极好的例子。这组悬浮在空中的雕塑代表了由原子组成的分子，这是核进展的象征，也成为整个庆典场地中的设计特色。

奥托·科茨（Otto Kohtz）（1880-1956年）

一座大型城市的重建方案。透视图，1949年

描图纸上钢笔画

在奥托·科茨的各种方案设计中，总有一些乐观的、具有长远目光的东西，即便是战后，当德国瘫痪在一片废墟之中时；而他的职业生涯实际上终止了。科茨采用寥寥几笔细腻的钢笔垂直线条，像变戏法一样地产生出一座在运动中的、熙熙攘攘的城市，一条市区超级高速公路高效地服务于这座城市。交通干线异乎寻常地宽阔：在下沉的中间部分，有轨电车向着市中心奔驰；小汽车从地面层的快速交通干线上驶下来，沿着外侧边缘到达地下层停车库。

奥斯卡·尼奇克（Oscar Nitzchke）
（1901-1991 年）

匹茨堡美国铝业公司大厦（Alcoa Building），美国宾夕法尼亚州。铝制立面的研究图，1949 年

描图纸上铅笔、灰色铅笔和钢笔画

奥斯卡·尼奇克采用银灰色铅笔为他设计的星形塑型铝板涂上阴影，展现铝材的受光面。钢笔墨水涂黑的圆圈是窗户。尼奇克与大型建筑公司哈里森和阿伯拉莫维茨（Harrison and Abramovitz）展开合作，为位于匹茨堡闹市区的美国大型铝材制造商（Alcoa）设计了这座 30 层高总部大楼的

轻型幕墙立面。铝材以轻质和延展性在不久前的战争时期已经证明了其如此成功，例如在飞机制造业中，以至于这种材料的品质似乎预示了可以成为未来的材料。美国铝业公司大厦的铝板只有 3 毫米（1/8 英寸）厚，减轻的自重使钢框架可以更轻，从而更便宜。

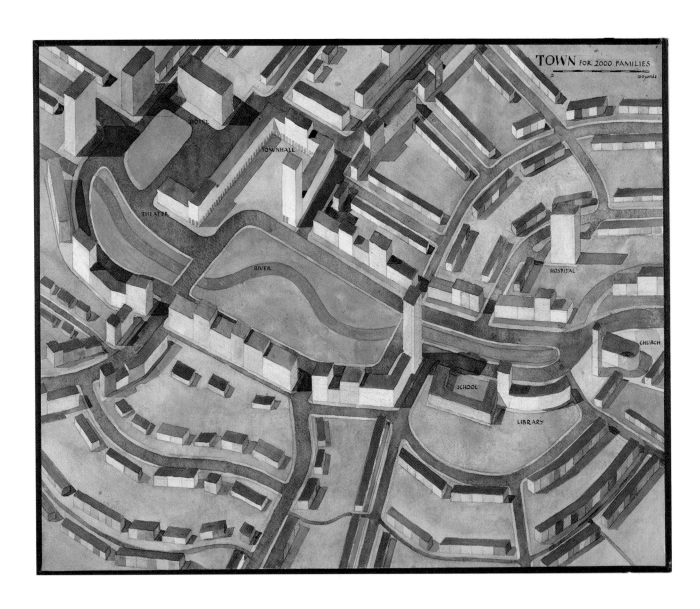

约瑟夫·弗兰克（Josef Frank）
（1885-1967年）

"可居住2000户家庭的小镇"（Town for 2000 Families）。鸟瞰透视图，大约1950年

铅笔和彩色渲染

在1933年，由于欧洲政治局势动荡不定，具有犹太血统的约瑟夫·弗兰克从维也纳移居到他妻子的故乡瑞典。在奥地利，弗兰克设计过现代主义风格的别墅和住宅开发项目，但是他越来越对包豪斯风格的巨型建筑组成的新型城市化和勒·柯布西耶倡导的严谨规划感到不满。在这个为一座小镇所设计的理论化项目中，弗兰克利用了蜿蜒的河流作为主题，在街道布局中不断重复，连接着公共建筑和以低层为主的居住建筑，所有这些都设置在绿化背景中。跃动的有机图案类似于弗兰克为设计公司斯芬斯克特恩（Svenskt Tenn）创作的纺织品或墙纸设计图案，这些设计方案如今还在不断投入生产。

布鲁斯·高夫（Bruce Goff）（1904-1982年）

诺曼附近的吉恩和南希·贝文格（Gene and Nancy Bavinger）住宅，美国俄克拉荷马州。从北侧看过去的透视图，1950年

铅笔和彩色铅笔

布鲁斯·高夫的建筑总是非常个性化的，是根据弗兰克·劳埃德·赖特所倡导的有机建筑理论，并且几乎是以自建的姿态实施的。在这幅由高夫在俄克拉荷马大学教过的年轻学生赫布·格林（Herb Greene）（生于1929年，并被高夫雇佣在其事务所兼职）绘制的建筑画中，贝文格住宅似乎是大自然中自己生长出来的：墙体由大块粗糙的石块组成（业主买下了附近的采石场），像壳一样的、螺旋上升的形式由位于中央的一根桅杆（石油钻井上的旧钻头）来锚固，跨越在深谷上的吊桥以绳索平衡了这座住宅。制图技术非常精美，沿着干枯盘曲的树枝一侧下方，布满了错综的蜘蛛网。

雷纳特·布雷姆（Renaat Braem）
（1910-2001 年）

布劳恩斯住宅（Brauns House），
比利时克拉伊内姆。色彩处理方案，
大约 1952 年

纸上水粉和钢笔画，裱在板上

雷纳特·布雷姆在一小块圆形纸上向他的业主——童年伙伴贝尔特·布劳恩斯（Bert Brauns）展示了他们打算在布鲁塞尔郊区建造的住宅外部色彩处理方案（kleurbehandeling）。布雷姆在处理这张表现图时就像是画一张微型肖像，是朋友之间分享的亲密物品。住宅底层涂着深蓝色，五根竖线表示与建筑成为一体的车库。以白色表现的上部主要楼层有着波浪起伏的顶棚，通过屋顶红色轮廓线加以强调；甚至中间的窗户形状也跟随着起伏。

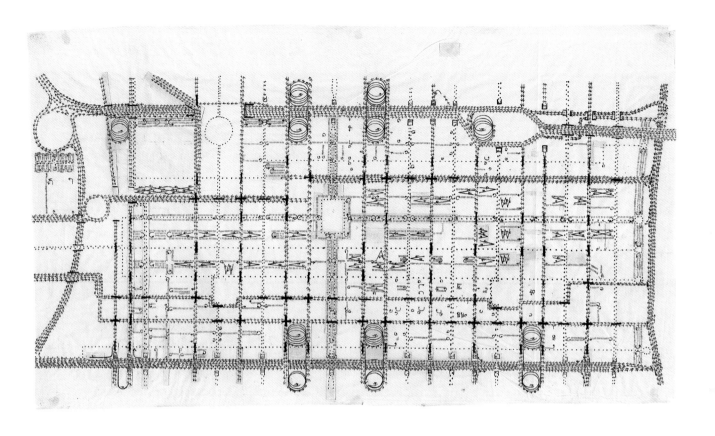

路易斯·康 (Louis I Kahn) (1901-1974年)

费城交通研究草图,美国宾夕法尼亚州。提议的交通运作模式平面图,大约1952年

钢笔、铅笔和剪贴纸

这幅看上去像是非常激动地勾勒出来的、由神秘符号组成的手稿,实际上是一个条理清晰的、费城市中心区机动车和人流运动重组设计方案。路易斯·康作为当地规划委员会顾问,以图形符号覆盖在街道布局图上,将交通模式的流动视觉化,使之像水一样流畅,避免了"停车-前行"(stop-go)的原则。康说道,在画面外围的一簇簇密集箭头,表示高速道路的"河流",带有停车塔楼组成

的"港口"(漩涡)。从这些溪流之中,有一个"运河"系统,也就是"前行-街道"(go-streets),接下来分支成为尽端路的"码头",也就是进入建筑的入口。由破折号组成的线条是行人通道。在平面图中央是代表佩恩广场(Penn Square)的巨大矩形,康建议移走"已经过时的"市政厅大厦,只留下塔楼——就像保罗·克瑞(Paul Cret)在20世纪20年代曾经建议过的那样(见第73页)。

161

休·卡森（Hugh Casson）（1910-1999年）

为伊丽莎白女王二世加冕典礼而矗立的爱神雕像纪念碑设计，皮卡迪利环形广场，英格兰伦敦。透视图，1952年

钢笔、彩色渲染和锌白颜料

休·卡森是一位锦衣玉食的英国现代主义建筑师。他在20世纪30年代现代主义风起云涌的时期接受训练，师从于克里斯托弗·尼柯尔森（见第131页）。当卡森被委任为1951年不列颠节的建筑主任时，正值事业的巅峰期。这次全国范围的展览提升了战后全民精神状态，促进了新式设计。为1953年伊丽莎白女王二世加冕典礼，他接受委任监管纪念性设施的建造。在这张水彩画中，

背景是黑色墨水渲染的夜空，他所设计的、围绕着有翅膀的爱神雕像的金属笼子散发的光芒，是以水粉衬托出的。休·卡森与皇家保持着密切的友谊，为皇家游艇大"不列塔尼亚号"（Britannia）设计过厅堂，以及温莎城堡和白金汉宫的套间。卡森具有顽童的性格，深具魅力，但是目标坚定，他为自己赢得了快速小幅水彩画和漫画的声誉，广受欢迎。他还教威尔士王子查尔斯画水彩画。

艾莉森·史密森（Alison Smithson）
（1928-1993 年）和彼得·史密森
（Peter Smithson）（1923-2003 年）

"楼面平台"（The Deck），黄
金巷住宅开发项目（Golden Lane
Housing），英格兰伦敦。透视图，
1953 年

钢笔画上加印刷纸拼贴

尽管艾莉森和彼得·史密森夫妇并没有赢得
1952 年伦敦城黄金巷大型社会住宅项目设
计竞赛，但是他们在这之后持续发展其设计，
将之出版并发表演讲，促进他们提出的、以
"空中街道"（streets-in-the-air）连接起来
的高密度居住概念。在这幅由彼得绘制的建
筑画前景中，楼面平台的宽度因延伸到整个

纸张宽度而得以强调，正如两位建筑师所说，
这是一种宽阔的通道，"使得更令人愉快的、
更加惬意的不同机动和休闲活动模式能够在
这样的自由场地上展开"（《被充实的空——
建筑》（The Charged Void: Architecture），
2001 年）。从杂志上剪下来的图片，增添
了社会交往的感觉和活力。

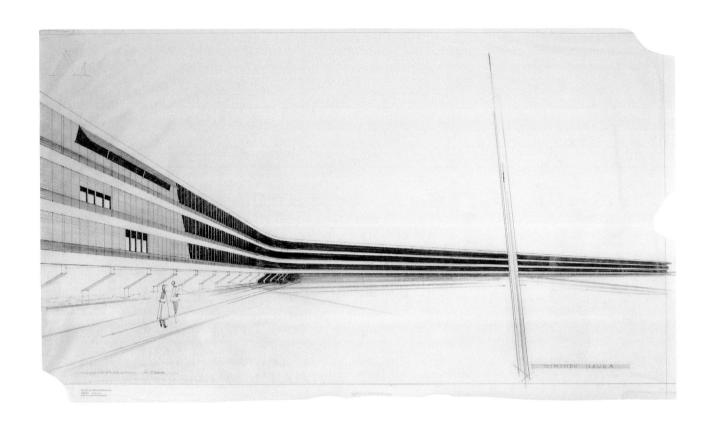

威里欧·雷维尔（Viljo Revell）
（1910-1964年）

为住宅基金会（Housing Foundation）
**设计的公寓建筑，芬兰。透视图，
1953年**

描图纸上铅笔和红蓝铅笔

芬兰建筑师威里欧·雷维尔在设计竞赛中为自己赢得了许多大型建筑项目。位于赫尔辛基的皇宫饭店（Palace Hotel）就是在1948年获胜的设计竞赛项目，是该市为1952年举办的奥运会而筹建的。他最后一个、也是最伟大和最受崇拜的建筑是加拿大多伦多市政厅，是他在1958年的另一次设计竞赛中的入选项目。但是他设计的这座公寓建筑参赛作品并没有实施；这次竞赛更多是为芬兰政府找寻公共住宅开发的新形式，而不是一个特定场地上的项目。

雷维尔的格言——在评审过程中这样做使得建筑师保持匿名——是"Sininen nauha"，意思是"蓝带"；在画面右下方可以看到这些字母恰当地写在蓝铅笔色带中。这个箴言在此一语双关，既指的是为竞赛获奖者颁发的蓝带，也指在连续水平带内的窗户，就像带子一样，在画中一直延伸到纸张边缘，暗示着这座建筑可以无限延伸下去。这幅画由安迪·纳麦斯涅米（Antti Nurmesniemi）绘制，他是芬兰最优秀的战后设计师之一，主要以厨房用具的设计而闻名。

菲力克斯·坎德拉（Félix Candela）
（1910-1997年）

奇迹圣章（Miraculous Medal）**圣母教堂，墨西哥墨西哥城。断面鸟瞰图，大约1954年**

描图纸上钢笔画

菲力克斯·坎德拉将钢筋混凝土板折叠，就像一位折纸手工艺家把纸张折叠一样。作为一名建筑师和工程师，坎德拉发展出一种混凝土薄壳，厚度不超过4厘米（1½英寸）。他也喜爱运用双曲抛物面，正如这张位于墨西哥城郊区的"奇迹"教堂（Milagrosa）断面鸟瞰图所示。在地面的黑色网格上，是支撑着混凝土建筑的白色轮廓线。屋面和墙体是一体的：在建造方面十分经济，在形式上也美观。坎德拉的花体字签名就像一个拆散的、卷曲的螺旋结构，像其建筑一样也是三维的。

马塞尔·罗兹（Marcel Lods）（1891-1978 年）

一座预制住宅的研究草图。透视图，大约 1955 年

描图纸上毡头笔、彩色蜡笔和彩色渲染

马塞尔·罗兹是一位预制建筑大师。在 20世纪 30 年代晚期，他曾经是一个小型设计团队的成员，参与建造了位于巴黎郊区克利希的社区中心——人民之家（La Maison du Peuple）。这座建筑被认为是工业建筑的重要范例。在这个 20 世纪 50 年代中期设计的住宅方案中，建造材料主要是金属构件。这是一种应对战后住宅迅猛发展的、经济而优雅的解决办法。罗兹大略地绘出住宅框架，渲染成黑色和灰色，然后用蜡笔绘制色彩鲜艳的板材和窗框。他画的休闲人物形象增添了设计的性格。

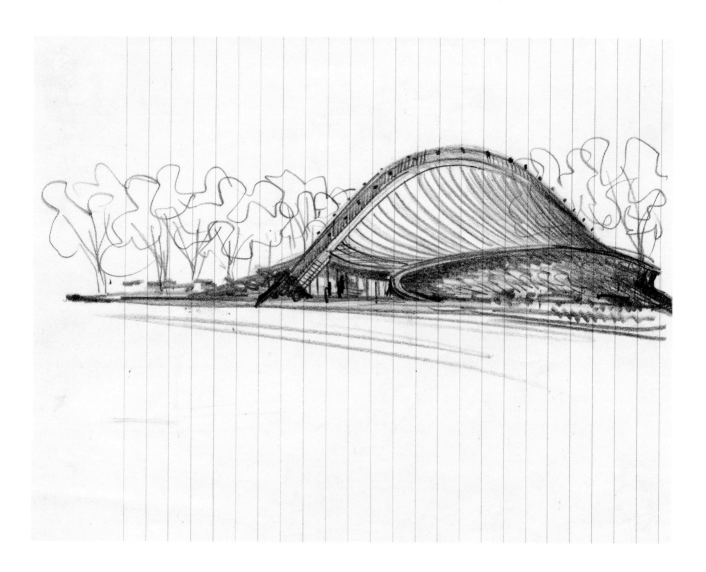

埃罗·沙里宁（Eero Saarinen）
（1910-1961 年）

纽黑文市戴维·英格斯（David S. Ingall）冰场，美国康涅狄格州。透视图，大约 1956 年

横线记录纸上铅笔画

优雅的曲线是埃罗·沙里宁的设计主题。沙里宁设计的大拱门（Gateway Arch）高高耸立在密苏里州圣路易斯市上空；他设计的纽约约翰·肯尼迪国际机场 TWA 航站楼，常常被比喻成飞翔的鸟；他设计的著名的子宫（Womb）椅和郁金香（Tulip）椅环抱着坐着的人。在纽黑文市——耶鲁大学所在地，沙里宁建造了这座冰球馆，采用先进的钢筋混凝土拱结构体系，悬挂钢缆网格，支撑着木构架屋顶。沙里宁绘制的这幅充满自信的草图，捕捉住了建筑弯曲的脊线。这是一张早期草图；这位建筑师在最终的设计中通过将入口拱尖高高升起，强调了这根线条的蜿蜒，并且形成了另外一根曲线，成为带雨棚的入口。

华莱士·K·哈里森（Wallace K. Harrison）（1895-1981 年）

林肯中心大都会歌剧院（Metropolitan Opera House），美国纽约。透视图，1956 年

炭笔画

与众不同的炭笔媒介、浓重的色调，以及像科幻杂志插图的外观，标志着这幅画是伟大的透视画家休·费里斯的作品（见第 107 页）。由华莱士·K·哈里森设计的、这座位于纽约的大都会歌剧院早期方案，看上去像从内部发光，照亮了天空，尽管费里斯具有浪漫情调地将光源设为画面中心偏左的满月小圆圈。球形穹顶，甚至这

幅画的风格本身，都借鉴了法国大革命时期建筑师艾蒂安-路易·布雷（Étienne-Louis Boullée）为艾萨克·牛顿爵士墓碑所做的著名设计。哈里森在 1949 年就开始这座歌剧院的设计工作；这座建筑于 1966 年建成开放，但是设计方案是不那么时尚的艺术装饰风格；在那个时期现代主义引发大量争议之后，终于取而代之。

facade mod vesterbrogade.
mål 1:200

阿尔内·雅各布森（Arne Jacobsen）
（1902-1971 年）

SAS 皇家饭店（SAS Royal Hotel），
丹麦哥本哈根。立面研究草图，1956 年

描图纸上钢笔和彩色蜡笔

在这幅名为"西桥街立面"（façade mod vesterbrogade）的 SAS 皇家饭店（面对着哥本哈根一条主要的购物街"西桥街"）正立面研究草图中，阿尔内·雅各布森用色彩进行试验，彩色蜡笔绘出的窗户的白色中夹杂着蓝色板面。在另一幅画中，他尝试了黄色。

该设计也是为这座哥本哈根第一座幕墙建筑寻找合适的网格，在立面图案的阴面和阳面，以及内部旅馆房间功能之间取得平衡。最终，雅各布森决定采用连续带形窗，为住客提供全景视野，中间夹着灰绿色调的带形镶板，成为墙体结构的外壳。

路易斯·巴拉干（Luis Barragán）
（1902-1988年）

"卫星塔"（Torres Satélite），墨西哥墨西哥城。透视草图，大约1957年

彩色粉笔画

五个色彩鲜艳的、巨石般的建筑聚集在一起，背景是以黑色蜡笔加深的夜景。这一组雕塑般的建筑耸立在交通岛上，绘图纸的白色成为繁忙的高速道路以及探照灯发出的光芒。这个方案由墨西哥最伟大的现代主义建筑师路易斯·巴拉干设计。他以建筑作品中大面积未加装饰的表面材料、以及鲜艳的色彩而

著名。这些塔楼是灯塔，标志着墨西哥城西北部的卫星城新郊区，靠近巴拉干设计的许多著名住宅。这些住宅都粉刷成跃动的色彩，就像这些塔楼一样。在这幅画中，巴拉干已经接近塔楼的最终造型，尽管建成时布局有些微小的变化，色彩改成红、黄、蓝色各一座，还有两座塔楼是白色。

彼 得 · 塞 尔 辛（Peter Celsing）
（1920-1974 年）

哈兰达教堂（Härlanda Church），
瑞典哥德堡。西端立面和草图，
1957 年

铅笔和锌白颜料

彼得·塞尔辛是如此经常地一个接一个画设计草图，花了五年时间来设计这座位于哥德堡郊区哈兰达的教堂，以至于其传记作家威尔弗里德·王（Wilfred Wang）声称，这位建筑师实际上已经设计了数百座教堂[（《彼得·塞尔辛的建筑》（*The Architecture of Peter Celsing*），1996 年）]。塞尔辛那工作狂式的、充满自信的能量——毫无疑问是受咖啡的刺激；这张画上有斑斑点点的咖啡杯印子和咖啡溢出的印迹——在纸张的下半部分显露无遗，铅笔坚定地压进纸内，进行了无数的立面探索。但是平静的一幕主导着上面的大幅立面图；最终这些方案都整合在一起。西立面是不对称的，大门两侧是在这个砖盒子这一侧端头仅有的窗洞口，呈现为一对正方形透空格栅。建筑设计方面的简朴，一旦能够实施恰当，就是一种复杂的表现，如果不做一番下功夫的研究是不可能迅速达到这样的效果的。

拉夫·厄斯金（Ralph Erskine）
（1914 - 2005 年）

"北极小镇"（An Arctic Town）。
透视图，1958 年

版画上加水粉和水彩

拉夫·厄斯金设计的小镇就像是被神奇冻住的王国——现代香格里拉。这幅画是他为居住在北方的生活而设计的方案，是这位建筑师精致的沙龙作品，递交到于 1951 年召开的国际现代建筑协会（CIAM）的最后一次会议。厄斯金是一位在英国接受训练的建筑师，在瑞典展开工作，他采用了许多当地萨摩岛居民和爱斯基摩人的传统建造方法：例如，在这座以居住为主的小镇中，围墙依偎在面南的山坡怀抱内，建筑低矮地趴在地面上，不会遮挡冬天角度很低的阳光。在画面前景，一头成年雄鹿站在岩石组成的山峰之巅，下方正在迁徙的驯鹿先是勾勒轮廓，然后用墨水染色；纸张周边区域留白，成为北极冻土带，然后再加上色彩丰富的水粉，厚重而浓郁。夜空的条纹处理以冬季的深蓝色分层表现；群山上的冰雪以单色的灰颜料表现。

尤纳·弗莱德曼（Yona Friedman）
（出生于 1923 年）

"空间城市"（Spatial City）。透视
图，大约 1958 年

描图纸上毡头笔

不像那些 20 世纪 50 年代以一幢又一幢板式
住宅体现的关于未来的集权主义设计幻想，
这幅关于一座城市的设想远景呈现出悬挂在
地面之上一点点的高度，表达了开放和宽敞
的居住概念。出生于匈牙利、在巴黎开展设
计工作的建筑师尤纳·弗莱德曼从理论角度

指出，他的"空间城市"（Ville Spatiale）
能够建造在现有城市或乡村的上空，以薄金
属结构形成的网状构架制成，在其上悬挂矩
形的建筑形式。弗莱德曼使用红色马克笔表
示天空，蓝色表示地面。可以看到点状的小
汽车在下方高速道路上奔驰。

弗里德里克·基斯勒（Frederick Kiesler）（1890-1965 年）

死海古卷博物馆（The Shrine of the Book），以色列耶路撒冷。研究草图，大约 1958 年

钢笔画

弗里德里克·基斯勒的建筑画充斥着狂乱的能量，这位建筑师的心灵比他的笔尖还要敏捷。旋转着的漩涡运动、浓密的垂直笔触、以及背景的波浪线使得他这张 1 米长的纸张带上兴奋的感觉。这是为基斯勒的著名作品、也是唯一公开宣称建造的建筑——死海古卷博物馆——而绘制的方案草图，与他的学生阿芒德·巴托斯（Armand Bartos）合作完成。这座建筑于 1965 年建成开放，就在几个月之后基斯勒辞世了。

这座建筑容纳着《死海古卷》，这是在耶稣基督之前大约 100 年写就的圣经文本，于 1947 年至 1956 年之间在新成立的以色列国境内发现。画面中鼓起来的圆锥体是主要的展厅画廊。基斯勒以其"无穷无尽的"（endless）的建筑空间、连续而自由流动的造型闻名，他的理论和设计大部分都是纸上谈兵，这些作品的制作和外观就类似于这幅绘画。

丹尼斯·拉斯顿（Denys Lasdun）
（1914-2001 年）

克勒尔德尔街基林公寓（Keeling House），贝斯纳尔格林区（Bethnal Green），英格兰伦敦。剖断视图，大约 1958 年

描图纸上钢笔、黑色渲染和粘上去的印刷聚合物街道

位于伦敦东区的基林公寓居民在远处圣保罗大教堂的背景映衬之下，有的在晾晒衣物、有的与邮差聊天、有的看着孩子们玩耍。在完成基林公寓设计之后不久，丹尼斯·拉斯顿事务所就绘制了这幅建筑画，用于出版。这幅钢笔绘制成的剖断视角建筑画，加上点状阴影（Letratone）轮廓线作为透视画面景框，表现了一座 16 层高住宅塔楼上部楼层的公共区域。对这座建筑的评价是毁誉参半，塔楼由四个翼楼组成，其中容纳着跃层公寓，从布置着电梯和楼梯的中央核心筒放射出去。拉斯顿认为这种交互的格局为居民再现了先前地面上贫民窟排屋（slum-terrace）的社交话语。

THE MASTERPIECE

NOTE:
CANVASES-
9' x 18'
9' x 9'

弗兰克·劳埃德·赖特（Frank Lloyd Wright）（1867-1959 年）

"名作"（*The Masterpiece*）：所罗门·R·古根海姆博物馆，美国纽约。室内透视图，1958 年

描图纸上铅笔和彩色铅笔

一个小女孩在内庭院一侧上方悬荡着自己的溜溜球，她对于身后那幅色彩丰富的"名作"不感兴趣。弗兰克·劳埃德·赖特在最后才加上这个小女孩，就在为画作签名之前。他对这幅由他的绘图员制作的建筑画已经修改了很久，这是从大约 70 年前在路易斯·沙利文事务所时就已经发展起来的一种技法。绘制这幅画的时候，博物馆正在建设中。公众担心艺术作品放置在围绕建筑核心螺旋上升的斜坡上，将不能清晰展现，这幅画就是为了减轻这份忧虑而绘制的。画面中的绘画是这张除此之外单色铅笔渲染画作中唯一有色彩的部分；这些画不是根据古根海姆博物馆的馆藏品画上去的，而是赖特自己的创作。因此，这幅建筑画的标题《名作》要么是自我本位的——赖特的自我膨胀是出了名的——要么就是讽刺意味的，看看那个小女孩对画作的反应就知道了。

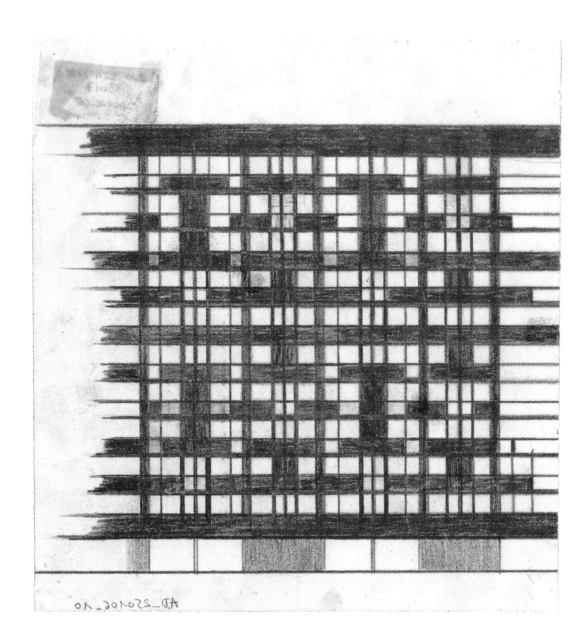

让·杜比松(Jean Dubuisson)(1914-2011 年)

快帆（La Caravelle）公寓，法国维勒讷沃拉加雷讷。立面研究，大约1959 年

描图纸上红色蜡笔

让·杜比松以红色蜡笔绘制的这张引人注目的立面研究草图，展现了位于巴黎郊区一个大型社会住房项目公寓建筑的矩形开窗规则，证明了许多现代建筑画中产生的问题是站不住脚的。这个设计方案是吸引人的、在色彩方面富于魅力，在图案方面欢快活泼。然而，这座公寓楼在建成后实际上建筑外立面采用的是毫无感觉的白色拉毛粉饰，最终

呈现的严峻现实是一座十层高的庞大建筑，居民的窗户是反过来的。杜比松也经历了其他许多战后一代建筑师所经历的两难困境的挣扎：如何在财务限制的情形之下，寻找一种设计批量住宅的方法，还要不屈从于立面的单调性——这不是一件轻而易举的任务，如果考虑到在杜比松的职业生涯中，总共建造了 2 万多个居住单元的话。

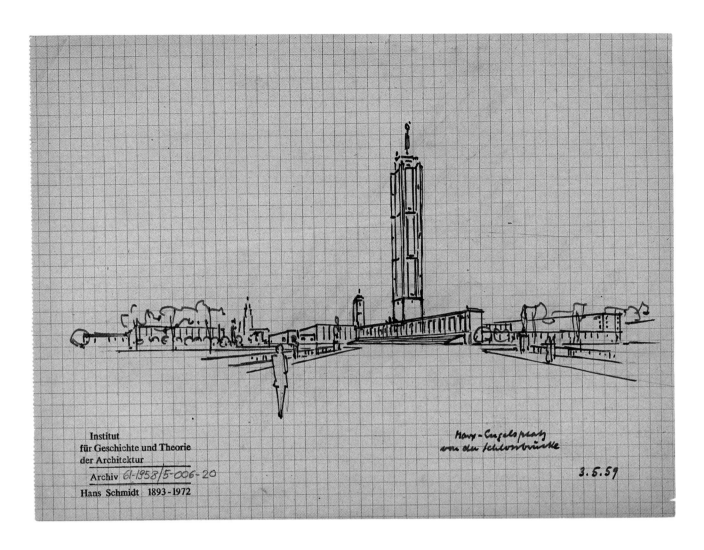

Institut
für Geschichte und Theorie
der Architektur
Archiv 61-1958/5-006-20
Hans Schmidt 1893-1972

Marx-Engelsplatz
von der Schlossbrücke

3.5.59

汉斯·施密特(Hans Schmidt)(1893-
1972 年)

马克斯-恩格斯论坛上的宫殿桥，德
国柏林。透视草图，1959 年

方格纸上蓝色钢笔

瑞士建筑师汉斯·施密特是一位理性主义
者。他没有任凭自己沉浸于同时代人的那种
乌托邦式远景或具有高度审美性的设想，尽
管他承认诸如俄罗斯建筑师埃尔·里希茨基
（El Lissitzky）这样的试验理性主义是有价
值的，并且于 20 世纪 20 年代在自己的建筑
杂志《ABC——建筑评论》（ABC, Beitrage
zum Bauen）上发表过埃尔·里希茨基的作品。
在这幅画中，采用网格纸强调了施密特对于

设计所采用的严谨有条理的方法。尽管这张
草图是徒手画出来的，但是线条是严谨的、
形象是挺立的。施密特在 1956 年至 1969 年
期间居住在东柏林，承担了许多城市复兴项
目。这个未实施的方案就在柏林墙建起来之
前几年设计完成，以一座 130 米高的塔楼为
特征。如果建成的话，将是引人注目的。基
地靠近菩提树下大街，整个城市都可以看到
这座塔楼。

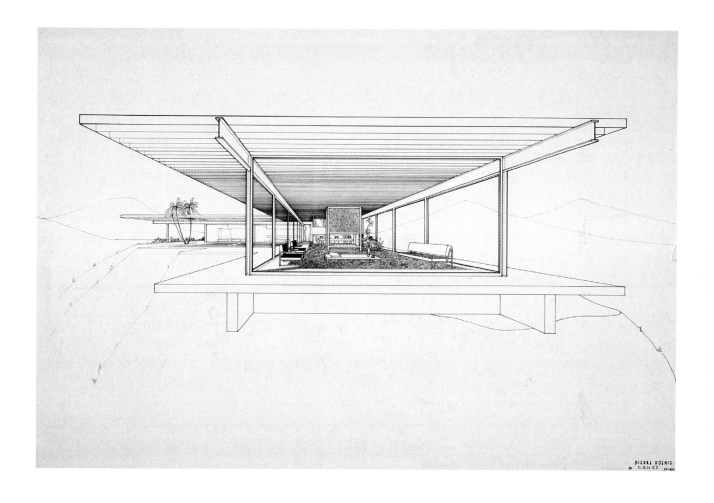

皮埃尔·柯尼希（Pierre Koenig）
（1925-2004年）

洛杉矶斯塔尔住宅（Stahl House）
（个案研究住宅系列第22号），
美国加利福尼亚州。透视图，大约
1959年

板上钢笔画

斯塔尔住宅坐落在好莱坞群山之中，具有观赏整个洛杉矶的全景视野。皮埃尔·柯尼希绘制的一点透视，从非常近的前景开始画，后退到远处的消失点，将设计中的建筑延长了。呈漏斗状贯通整个空间进深的是支撑屋顶的工字梁，屋顶似乎一直延伸下去。柯尼希以精美的钢笔技法对室内部分精雕细琢，成为加州时期（Californian period）现代主义的典范。斯塔尔住宅是一群具有创新精神的西海岸建筑师设计的最后一批个案研究住宅系列（Case Study Houses）之一（该系列中的第22号），他们从20世纪40年代中期开始采用钢和玻璃创造出轻质和开敞的住宅，以适应温和的气候和业主的户外生活方式。

1960 – 1973 年

另类建筑画

在 20 世纪 60 年代，现代主义开始出现裂痕。在此之前，总是有一些建筑师在组织平面和立面时，挑战与这一运动相伴的严格几何体。但是现在，年轻的建筑师，其中许多人刚刚迈出大学校门，他们逐步被灌输的是那个时期越来越兴盛的激进主义，从而产生了建筑学的反文化，既包括具有实用性的方面，也包括乌托邦的方面。建筑画并不是从 20 世纪 20 年代现代主义试验时期才开始显示出这种对未来主义新世界的兴趣的。对于这种从现代主义建筑的英雄主义时期到激进的 20 世纪 60 年代之间的联结，特别具有影响力的是巴克敏斯特·富勒，我们可以从其在另类居住模式的早期试验（见第 86 页）直到他那将曼哈顿包裹住的著名玻璃穹顶（见第 182 页）的著名图像中看出来。

那个时期处于领导地位的激进团体是"建筑电讯派"（Archigram），这是一群曾经一起在伦敦建筑协会学院（Architectural Association – AA）求学的建筑师组成的联盟，他们在 AA 形成了基于技术并受到新的太空时代机器和设计启发的建筑学远景。由"建筑电讯"成员绘制的建筑画是吸引人的、目无尊长的、有时甚至带有威胁性，通常都是机器样子的构筑物。这些建筑画常常以激进设计所喜爱的媒介——照片拼贴——呈现，用剪下来的、具有粘性的聚合物片状形状上色，例如拉突雷塞印字（Letraset）和"即印色调"（Zip-A-Tone），这都是当时刚刚面市的产品。"行走的城市"（Walking Cities）系列是一项早期作品，由成员朗·赫伦于 1964 年发起，引入了陆地上以可伸缩的腿、能够在星球上行走的巨型结构概念（见第 204 页）。为了创作这幅关于移动的未来世界的图画，赫伦采用了苦心制作的钢笔画照片加在背景照片上。因其现实感，这种效果是震撼人心的。

在意大利，佛罗伦萨成为激进的反设计运动在建筑学领域的温床。建筑实践团体"超级工作组"（Superstudio）创作了一系列照片拼贴，设想人可以自由地居住在他们希望居住的地方。"超级工作室"最不朽的幻想画面是思考关于一种四处游荡的嬉皮士生活方式，他们居住在地面之上、盘旋在空中的格网上，一条高速公路使得无拘无束的旅行者能够自由自在地在这个星球上漫步（见第 218-219 页）。同样也在佛罗伦萨，由建筑师和设计师组成的"建筑伸缩派"（Archizoom）工作室诉诸于灵活技术空间的感性方面（见第 212 页）。在这样一种关注于另类生活方式的设计氛围中，佛罗伦萨大学的建筑学生形成了诸如 UFO 这样的小组，其设计方案展现了渴望社会变革的世界（见第 223 页）。

维也纳也是一个充满机遇的激进设计中心。年轻的汉斯·霍莱因利用照片拼贴将不可能的物体并置在景观中，使其看上去很怪异地像可居住的构筑物（见第 205 页）。建立"蓝天组"（Coop Himmelb(l)au）的一群建筑师将其在另类居住空间方面的试验，主要是模数化建筑，转变为表演艺术。他们的建筑画关注于彼此相连的泡泡空间的原型设计，正如"罗莎别墅"（Villa Rosa）系列所展现的，可充气区域作为玩耍和休闲娱乐空间（见第 213 页）。这些建筑师披挂上特殊的头盔来展示他们的可充气栖居方式，他们称自己为"超人机组成员"（Super Human Crew）。"豪斯路克团体"（Haus-Rucker-Co.）是另一个维也纳实践团体，也在设计中利用照片拼贴。他们探索了轻质充气结构和清晰可见的穹顶内环境，往往带有一抹讽刺幽默的笔调（见第 225 页）。

冷战氛围激发了一些建筑师将像城堡一样的技术未来视觉化。这些阴郁的设计常常渲染成黑白色。雷蒙·亚伯拉罕绘制了钢笔和铅笔画"冰川城市"（*Glacier City*），这个标题本身就足以令人后背发凉，就像是为防御核攻击而准备的掩体（见第 201 页）；沃特·皮克勒将设想中的建筑设计成在地下蛇行状（见第 198 页）；在克劳德·帕朗（Claude Parent）设计的"螺旋"（*Spirals*）系列中，将体量庞大的漩涡状构筑物旋转起来，呈现的是月球地景上的崎岖城市（见第 226 页）。在壮观宏伟方面并不逊色的是美国粗野派建筑师保罗·鲁道夫的城市项目建筑画，他也是耶鲁建筑学院具有影响力的主任，当时最精确的建筑绘图专家之一，以及钢笔线条画大师。他接受了设计下曼哈顿高速道路的委托，这是一个混凝土建造的交错形式的山谷，就像那些概念建筑师绘制的任何纯粹纸上设计一样，像是天外来客（见第 229 页）。

让·勒诺迪（Jean Renaudie）在巴黎蒙特罗斯事务所（Atelier de Montrose）绘图室内，1967 年

勒诺迪设计的拉沃德勒夷新城（见第 210 页）——雕塑般、采用有机形式——使他与蒙特罗斯事务所的建筑伙伴产生冲突，那些同事更倾向于他们自己那种秩序井然的规划，所以他辞职了。20 世纪 60 年代和 70 年代早期的建筑师身处这样一个意识形态变革的时期，开始以激进的另类设计质疑现代主义运动信条。

巴克敏斯特·富勒（1895-1983 年）
和束基·萨达奥（Shoji Sadao）（生
于1927 年）

"曼哈顿上空的穹顶"（*Dome over Manhattan*）：美国纽约，大约 1960 年

照片

在 1954 年，巴克敏斯特·富勒获得一项网格球顶的专利，并与建筑师束基·萨达奥一起在北卡罗来纳州罗利创办了企业"网格球顶有限公司"（Geodesics Inc.），后者曾经是他在康奈尔大学教过的学生。他们富有成果的合作，产生过诸如在加拿大蒙特利尔举办的 1967 年世界博览会美国馆这样的著名设计作品。然而，他们最有名的方案却是乌托邦式的：这幅令人着迷的画面展现了直径为 2 英里（3.2 公里）的穹顶，放置在曼哈顿中心区上方。原画是通过在一张航空相片上喷雾而绘成的。

富勒知道这个穹顶是不可能建成的，因为没有这样的材料，也没有这样的建造技术，但是他仍然有说服力地论证说，这种在控制之下的环境就像是伊甸园。居民再也不会任凭自然条件的摆布：再也不会淋雨、不会下雪；雨雪径流可以过滤后流到水库里。遍布穹顶内空间的均衡温度将减少建筑采暖需求。富勒甚至梦想在十年内，因城市免去除雪而获得的资金节约，这个穹顶预计将收回投资。

艾尔诺·戈德芬格（Ernö Goldfinger）
（1902-1987 年）

购物中心，大象城堡地区，英格兰伦
敦。透视图，1960 年

板上印刷品上加彩色蜡笔和拼贴画

艾尔诺·戈德芬格是一位技法精湛的绘图大师，于 20 世纪 20 年代在巴黎接受美术学院体系的学术训练。他倾向于一种快速而自由的绘画风格，这是因他与勒·柯布西耶的友谊而收获的。对于这幅为参加竞赛而绘制的透视图所需要的精致效果，戈德芬格求助于不久前获得资质的建筑师休·坎宁斯（Hugh Cannings）（生于 1935 年）。这是一个购物中心与上部办公用房结合的设计方案；对于这一时期的英国来说，是一幅令人震惊的粗野主义画面。色彩斑斓的广告粘贴在下面一层印刷出来的建筑裸露混凝土框架图片

上，这些广告是从杂志上剪下来的纸片拼贴；令人振作的文字挂成一行，传递的信息宣称"贸易"（mart）、"设计"（design）和"来点新颖的"（plus new），而另一侧立面展现了一幅令人感到舒适的图像，是一双彩格呢卧室拖鞋。假使这个项目成功实施的话，将会与周边建筑综合体和谐一致，其中包括一座大型地方政府高层办公楼和影剧院，这是戈德芬格刚刚得到委托进行设计的项目，以之作为伦敦南部大象城堡地区贫穷而衰败的地段再开发的一部分。

纪尧姆·吉莱特（Guillaume Gillet）
（1912-1987 年）

夏季运动赌场（Casino d'été du
Sporting），拉沃托海滨，摩纳哥蒙
特卡罗。从甲板上看过去的透视图，
1960 年

黑色钢笔、毡头笔和粉笔

纪尧姆·吉莱特运用毡头马克笔的宽面、以
长而均等的淡蓝色线条和厚重、起伏的深蓝
色反光，创造出地中海的海浪。帆船桅杆顶
部与这位建筑师设计的夏季赌场综合体的旋
转屋顶交相呼应。平台上的露台呈现伞状图
案，从拉沃托海滨伸展出去，这一段水域是
摩纳哥 3.2 公里（2 英里）长的海岸线，遍

布着度假区和赌场，是名流富贵的娱乐场所。
该设计呈现的愉悦的现代主义，与这个小规
模自治区的新时代风貌极为相称，这片地段
沐浴在摩纳哥王妃格蕾丝（女演员格蕾丝·凯
利）的魅力光环之下。

艾马罗·伊索拉（Aimaro Isola）（出生于 1928 年）

"意大利 1961 年"（Italy '61）展览的庭院帐篷，卡里尼亚诺宫（Palazzo Carignano），意大利都灵。草图，大约 1960 年

钢笔和彩色渲染

在 1961 年，都灵市修复了卡里尼亚诺宫立面，以此作为纪念意大利统一一百周年庆典活动的一部分。卡里尼亚诺宫是一座雄伟的巴洛克风格宫殿，曾经在 1865 年作为第一届意大利议会所在地。在宫殿的中央庭院内，建筑师拍档罗伯托·盖贝帝（Roberto Gabetti，1925–2000）和艾马罗·伊索拉设计了一个大帐篷来容纳节庆活动，尽管这个项目没有实施。伊索拉的水彩画所呈现的自发性，捕捉住了这个构筑物的上升感觉：

两个小透视图的海星形状呈现了空中的景象（上图），而位于中央的吊线拉住帆布使之有固定的形状，也呈现了从里面看的景象(下图)。帐篷中央和边缘将要用大型装饰性坠子来加重，这些垂饰的多种形式伊索拉都用细部图表现出来。这种八字形张开的形式加上凸起的骨架，类似于盖贝帝和伊索拉以混凝土建造的都灵股票交易所贸易大厅的屋顶，这是他们的第一座、也是获得高度赞誉的建筑，就在这次展览会设计之前几年竣工。

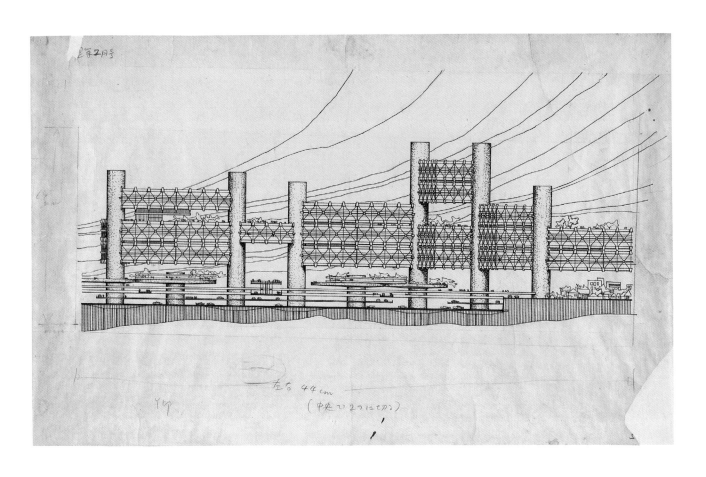

矶崎新（Arata Isozaki）（生于 1931年）

"空中城市"（*City in the Air*）：新宿区，日本东京。立面图，1960年

钢笔和彩色铅笔

在这个方案中，日本建筑师矶崎新设想秩序超越混乱；这个巨型构筑物就放置在东京逐渐无序蔓延的城市肌理上方，从画面右下侧可以看到当时的东京。矶崎新的"空中城市"悬挂在巨大的混凝土电缆塔上，带有停车的平台、悬挂的空中花园、以及人行街道，这些设施安逸地处于公寓和办公楼下方。矶崎新将他的建造方法命名为"接合式核心筒体系"（joint core system），因为电缆塔的功

能是作为连接处，之所以采用圆形而不是方形，在于使构筑物能够在任何方向上延伸。当矶崎新在1960年绘制这幅建筑画时，他正在丹下健三（Kenzo Tange）事务所工作，处于一群致力于寻找根本性建筑解决方案的建筑师之中；当时日本刚刚从艰难的战后重建时期走出来，正在成为一个有活力的国家，信奉技术和消费主义。

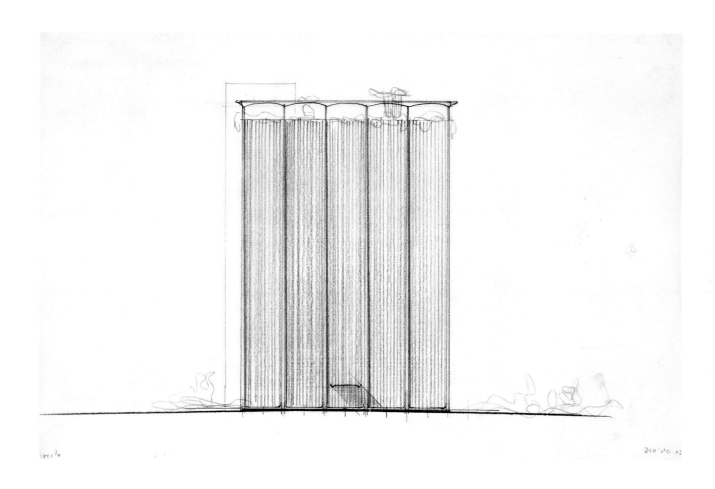

让·屈米（Jean Tschumi）（1904-1962 年）

雀巢公司总部大楼，库尔布瓦，法国巴黎。面对塞纳河的立面草图，大约1960 年

描图纸上铅笔和蓝色、绿色蜡笔

甚至是在 20 世纪 20 年代学生时期的项目中，瑞士建筑师让·屈米就常常采用手绘密集排线的方式来代表表面。随着屈米委托量增长，这种线条技术成为其事务所的惯常做法。业务量的增长主要是通过他的大主顾——食品加工公司雀巢公司；他在20 世纪 50 年代为这家公司设计了位于瑞士沃韦的大型总部大厦。现在他要为雀巢公司设计位于巴黎的法国总公司大楼。从

学生时代在美术学院就读期间，屈米就在巴黎拥有建筑事务所，并一直延续运营。在这张方案草图中，蓝色线条代表起结构作用的混凝土垂直构件之间的幕墙玻璃，成为延伸整个立面的凸窗。如果将屈米绘制这个建筑（没有建成）幕墙的方法，与阿尔内·雅各布森为 SAS 皇家饭店（见第169 页）绘制的方式做个比较，是很有趣的。

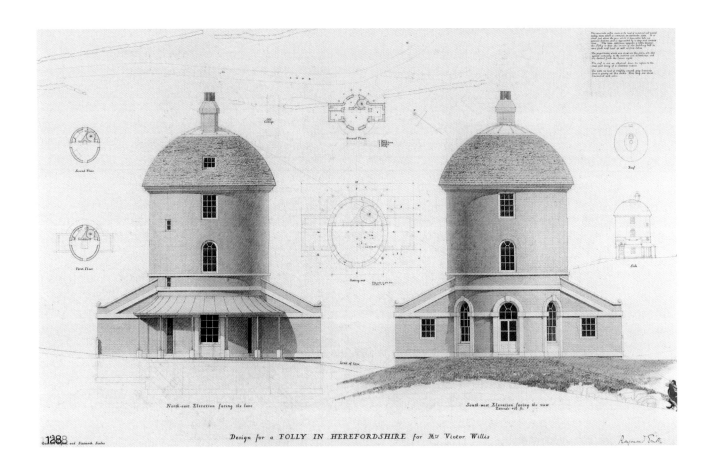

Design for a FOLLY IN HEREFORDSHIRE for Mr Victor Willis

North-east Elevation facing the lane

South-west Elevation facing the view

雷蒙德·伊里斯（Raymond Erith）
（1904-1973 年）

加特利公园（Gatley Park）的园塔，
英格兰赫里福郡。立面和平面图，
1961 年

铅笔、黑色钢笔、彩色渲染、绿色铅
笔和水粉

当周围所有人都走向现代主义时，雷蒙德·伊里斯仍旧坚持他的传统价值观。这张为一座住宅（最终建成）设计而绘制的建筑画，充斥着历史关联性。这座游乐性质的构筑物就是一座没有实用价值的园塔，是依照装饰性景观传统建造的，这在 18 世纪乡村大宅中可以看到。这幅建筑画根植于伊里斯所接受的艺术与工艺美术运动训练而承袭的风格，尽可能展现设计的方方面面：小幅侧立面和数个平面图与彩色立面图并列，后者成为画面焦点。比例是按照威尼斯吋来计算的——

1 威尼斯吋等于大约 34.7 厘米，伊里斯认为这会赋予这座建筑一种帕拉迪奥式的尺度。此外，画面上作者题词的部分这样写道："平面图上所显示的比例可以垂直地用在剖面和立面上，取自月运周期。"锦上添花的是，椭圆形平面是受到伊里斯崇拜的大英雄约翰·索恩爵士（John Soane，1753-1837）以及他那未实施的、为肯特郡的伊里斯（Erith）——与建筑师同名的小镇——的"美丽风景建筑"（Belle-Vue building）所做的设计方案的影响。

里卡多·保罗（Ricardo Porro）（生于 1925 年）

现代舞学院（School of Modern Dance），古巴哈瓦那。透视图，1961 年

钢笔、铅笔和水粉

建筑师里卡多·保罗有没有与菲尔德·卡斯特罗（Fidel Castro）和切·格瓦拉（Che Guevera）一起打高尔夫球？就在这两位年轻革命者击球的这块位于哈瓦那的高尔夫球场上，卡斯特罗要求保罗建造一座美术学院综合楼。在这张为现代舞学院方案局部所做的设计图中，保罗描绘了在高耸的加泰罗尼亚肋架拱顶之下的舞者，拱顶之间是砖和瓷砖组成的浅曲线，看上去优雅而开阔，这是当时廉价又传统的建造方式。在学院内，建造工作的确开展起来，但是在 1965 年接近完工时放弃了，成为古巴受新苏维埃影响而流行的、采用预制构件趋势的牺牲品。第二年保罗逃离，开始流放；他最终定居在巴黎，随身带走了这张画。

约翰·伍重（Jøhn Utzon）（1918-2008 年）

悉尼歌剧院，澳大利亚悉尼。草图（局部），大约 1960 年

描图纸上铅笔和彩色蜡笔

丹麦建筑师约翰·伍重以优美、独居创新性，然而在结构上难以实施的方案赢得 1957 年为悉尼歌剧院举办的设计竞赛，接着他花费数年去寻找可以建造起来的解决方案。伍重一遍又一遍地修改，同时在工程师奥韦·阿鲁普（Ove Arup）和数学家的帮助下，运用早期的计算机，最终从原来的椭圆形壳体转变成带有抛物线轮廓的壳体。在这张不那么严格的小草图中，这位建筑师接近了最后的轮廓曲线，也就是基于球面曲线的造型，采用圆的片段。在画壳体的时候，他用铅笔一遍遍地画轮廓，几乎就好像需要让自己确信，这真的就是解决方案。

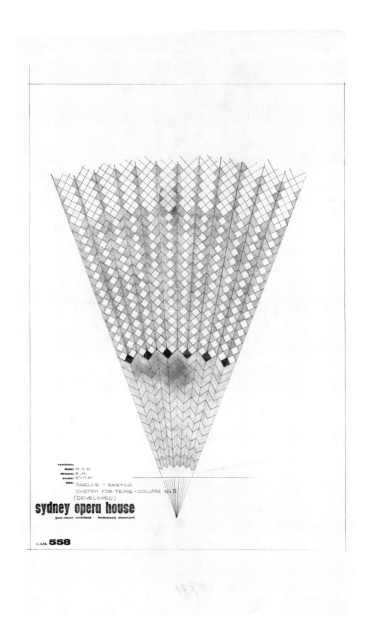

约翰·伍重（1918-2008 年）

悉尼歌剧院，澳大利亚悉尼。外层壳体贴面砖平面图，1961 年 11 月 14 日

描图纸上铅笔画，带事务所印制标签

为了使悉尼歌剧院建筑能够获得直射阳光，和来自悉尼港水面跃动的反射光线，建筑师约翰·伍重用白色面砖包裹住建筑外层。有一段时间，他想过以蓝白相间的瓷砖作为面材，但是媒体开始给他的设计起了"斑马歌剧院"的绰号。所以伍重最终选择白色釉面砖和无釉砖——他称这一组合为"冰与雪"，提示着他出生于寒冷的丹麦以及瓷砖在瑞典

制造这一事实。在这张贴着事务所标签的建筑画中，无釉砖是通过铅笔画出来的阴影表示的，遍布在他设计的、著名的一片壳体中的表面，呈"V"字形状，逐渐向上过渡到上釉面的建筑脊线。为了在安装壳体曲面时确保更准确，瓷砖采用预制，成为模子制作的大片构件，称之为"瓦盖"（tile lids），然后再安装在肋条之间的托架上。

赫伊赫·马斯康特（Huig Maaskant）
（1907-1977 年）

约翰逊制蜡公司办公楼，荷兰麦德雷赫特。透视图，1962 年

描图纸上铅笔画

赫伊赫·马斯康特是战后荷兰商业化建筑师中的一位巨人，在他的故乡鹿特丹开设了大型事务所，对这座被战争损坏的城市重建做出了重要贡献。在麦德雷赫特市工业化的郊区，马斯康特建造了他最优雅的作品——约翰逊制蜡公司办公楼，这是由小塞缪尔·约翰逊（Samuel Johnson）经营的企业，他父亲曾经委托弗兰克·劳埃德·赖特设计了位于威斯康星州拉辛的公司总部大厦。这张在马斯康特事务所绘制的铅笔透视图——正如开裂的胶带所暗示的那样，被反复使用过——展现了从装饰水池中冲出去的、像飞去来器一样的侧翼。

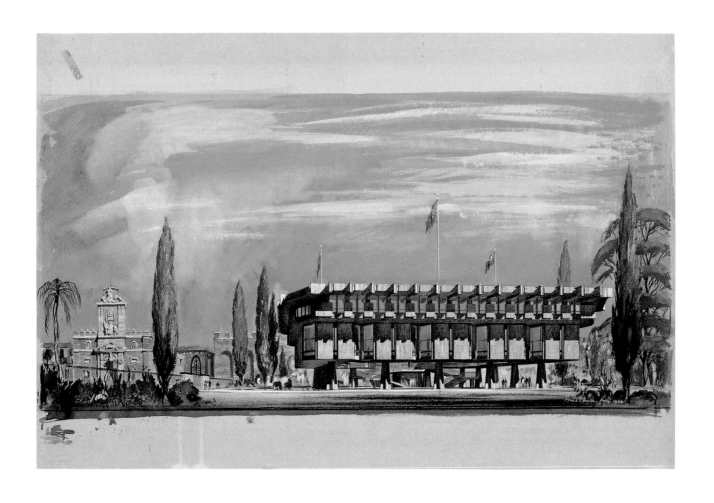

巴兹尔·斯彭思（Basil Spence）
（1907-1976 年）

英国大使馆，意大利罗马。可以看到皮亚城门的透视图，1962 年 7 月

彩色粉笔、铅笔、水粉、彩色渲染和炭笔

在 1962 年 7 月，也就是苏格兰建筑师巴兹尔·斯彭思奉献出他最著名的作品——考文垂大教堂——之后仅仅几周，他就为这个将要在罗马建造的英国大使馆新楼制作设计图。尽管斯彭思经营着一家成功的大型事务所，但是他亲自绘制了这张表现图，在其他事务所这样的任务往往是分派给外聘艺术家来完成的。作为一位完美的绘图大师，斯彭

思在这幅画中运用了最喜爱的彩色粉笔这一媒介，使得建筑及其环境有着风景如画、又非常有信服力的特色。斯彭思将米开朗琪罗设计的皮亚城门、以及锯齿状罗马奥勒良时期的城墙放在画面左边，以其设计的现代宫殿建筑强调了他所说的、历史地标的"古典完整性"（classical unity）。

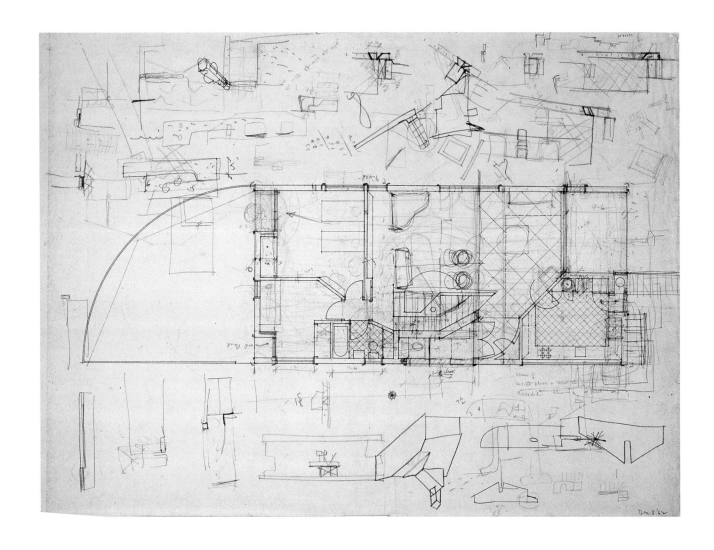

罗伯特·文丘里（生于 1925 年）

母亲住宅（Vanna Venturi House）。
底层平面图，附加草图，1962 年 12
月 8 日

重氮晒图上加铅笔和黑色、红色钢笔

罗伯特·文丘里为他新近守寡的母亲设计了
这座住宅。随着住宅在 1964 年竣工，以及
两年后他颇具影响力的著作《建筑的矛盾性
与复杂性》（Complexity and Contradiction
in Architecture）出版，这座住宅在从现代主
义到后现代主义概念的转变中，获得一座关
键性建筑的地位。文丘里利用这张晒蓝图来
绘制设计草图，其中平面图几乎已经定稿。
在这样一张图纸上，现在他感到可以自由地

设计细部草图，例如安排他母亲的家具——
在平面图中以红色钢笔强调出来——包括在
窗户之间的空间里巧妙地布置了一架三角钢
琴。在纸张底部，他把纸反过来画了一些草
图，（右）是三角形正立面的轮廓草图，以
古典方式在顶部断开，（中）是一张鸟瞰图，
表现了互相咬合的坡顶造型结束在高耸的烟
囱部位。

勒·柯布西耶（1887-1965年）
圣皮埃尔教堂，法国菲尔米尼。透视草图，1963年
版画上加红色卡纸

勒·柯布西耶在晚年的时候，有时会在他的建筑画上加一些大胆的图形。这个红色卡纸是粗略地撕下来，形成一个直角图形。在1955年，勒·柯布西耶出版了《直角诗》（*Le Poème de l'Angle Droit*），这是一本关于他创作的图像和文本的限量版艺术书籍。诗中有一段写道："从范畴方面来说，性格的直角/心的精神"。这张画是为一座精神的建筑——教堂——而作的设计，是勒·柯布西耶晚期设计作品之一。在勒·柯布西耶绘制了这张他称之为"景观中的造型"（form in the landscape）的图画两年之后，他在地中海游泳时溺水。他为这个设计方案所做的建筑画，保留在巴黎勒·柯布西耶基金会，40年后重新利用起来用于这座教堂的建造。教堂于2006年举行了供奉仪式。

乔 万 尼 · 米 凯 卢 奇 (Giovanni
Michelucci) (1891-1990 年)

高速公路上的圣约翰施洗教堂，意大
利佛罗伦萨。西立面草图，1963 年

水墨画

这座教堂是供奉施洗约翰的，他是佛罗伦
萨的守护神。人们还在这座教堂的名称前
加上"高速公路的"（dell'Autostrada）
一词，因为它紧贴着繁忙的"太阳高速公路"
（Autostrada del Sol）。乔万尼·米凯卢奇
那快速而运笔自由的草图技巧，强调了建

筑造型的强烈动感，尤其是像风帆一样高
耸的入口，入口被有角度的混凝土电缆塔
所支撑。最黑的渲染部分代表非常倾斜的
铜质屋顶。米凯卢奇绘制这幅画时，这座
教堂正接近完工。

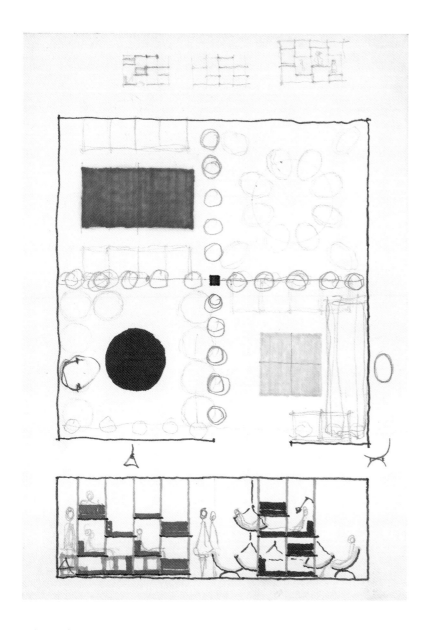

维奈·潘顿（Verner Panton）（1926-1998 年）

1964 年科隆家具博览会展示台，德国科隆。平面和剖面图，大约 1963 年

铅笔和彩色钢笔

尽管维奈·潘顿以家具设计师而闻名，但是他在祖国丹麦接受的是建筑师训练，并且短期地为阿尔内·雅各布森工作过。在这张为 1964 年科隆家具博览会他的家具产品而设计的展厅图中，潘顿对于三维空间的意识显然不仅仅表现在家具布局中，而且表现在家具本身。大的方块形平面图（上）是分为四个象限的简洁布局。但是，并不与平面图准确地一一对应的剖面图，才最好地诠释了潘顿所说的"整体环境"（total environment）概念。以粉色和橙色酸性毡头笔绘制的家具是他设计的、叠加起来的"层叠式躺椅"（Storey Recliner）。这是一种像塔一样的围合结构，用于斜躺着休闲和放松。青绿色的"飞椅"（Flying Chairs）在展会上引起轰动。设计成像勺子一样的座位，既可以放在地板上，也可以用绳索悬挂起来。

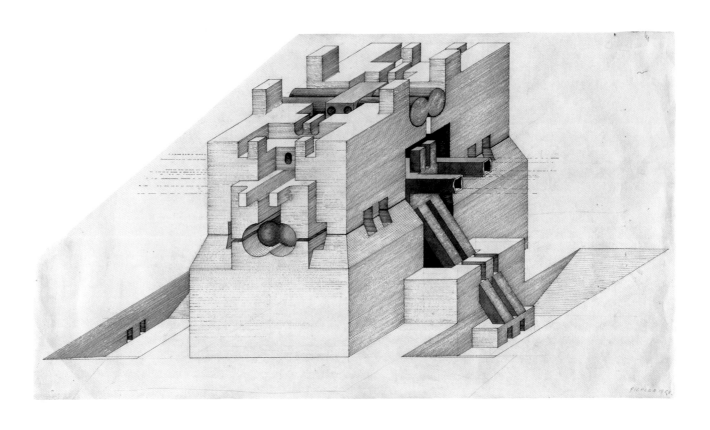

沃特·皮克勒（Walter Pichler）
（1936-2012 年）

"地下建筑"（*Underground Building*）。
轴测图，1963 年

钢笔、水墨和铅笔

沃特·皮克勒的许多作品摇摆在建筑和雕塑的边界上。实际上，这张画是他为一个以混凝土和钢为材质的雕塑而作的草图研究系列之一，雕塑呈现出建筑的缩微片段。它看上去具有威胁性，像是一个坚固的地堡，带有

像炮兵部队的加农炮一样伸出来的通道。密集的平行线条产生暗部和阴影。

马丁·平基斯(Martin Pinchis)(1907-2005 年)

城市设计。透视图,1963 年

钢笔和水粉

罗马尼亚裔法国建筑师马丁·平基斯在 1965 年 9 月刊新式杂志《艺术与建筑》(Arts & Architecture)上发表了一篇题为"城市设计思想"(Thoughts on Urban Design)的文章,并用像这张水粉画一样的同系列图片来阐明自己的思想。在这篇文章中,平基斯宣称,建筑是一种抽象艺术。他说,正是当时的行动派画家用其表现主义自发性影响着建筑学,他们是汉斯·哈堂(Hans Hartung),

皮埃尔·苏拉奇(Pierre Soulages),罗伯特·马瑟韦尔(Robert Motherwell)和弗朗茨·克莱恩(Franz Kline)。平基斯接着争辩道,建筑画必须快速完成——就像这张画所显而易见的那样——用手直接将思想转译出来。但是,他警告说,尽管包豪斯和许多他同时代的建筑师倡导的矩形,曾经带来单调乏味,同样,自由也会带来无序。

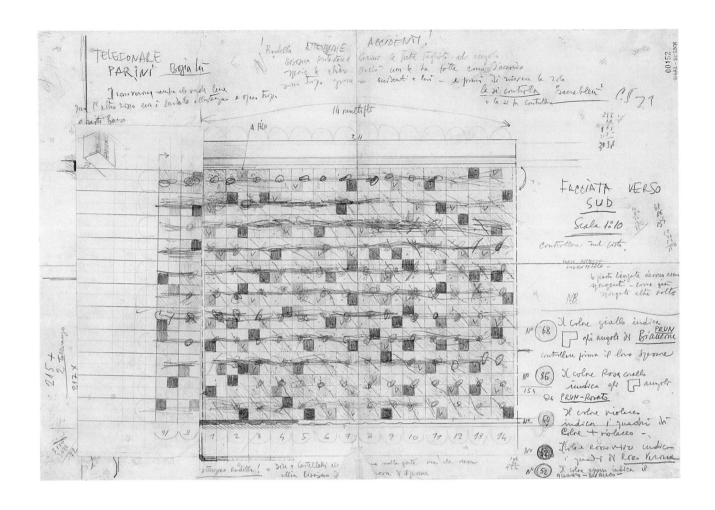

卡洛·斯卡帕（Carlo Scarpa）（1906-1978 年）

城堡博物馆（Castelvecchio），意大利维罗纳。表现石块布局的小教堂南墙立面图，大约 1963 年

卡片上铅笔和彩色蜡笔，带有活动盖纸片（看到的是盖上的）

伸入到维罗纳老城堡（Castelvecchio）庭院中的，是一间叫做小教堂（sacello）的小房间，这是由卡洛·斯卡帕设计的，成为他非常受尊崇的博物馆修复和扩建项目的一部分。正如这张草图所展示的，斯卡帕以粗糙的方石砌块覆盖外墙面，石块的颜色从白色到粉色各不相同，每一个方块的四分之一部分是嵌入的抛光石块。

在右下侧图例中，他用色彩和数字标注不同石材：例如，大红色的 52 表示当地大理石。其他注释就是写给博物馆测量员的便条，充满幽默地责骂他允许石匠不精确地切割石材："罗代拉，该死的，小心点！"（!Rodella Attenzione Accidenti!）和"检查检查这些东西呀！"（la si fa controllare "sacrableù"）

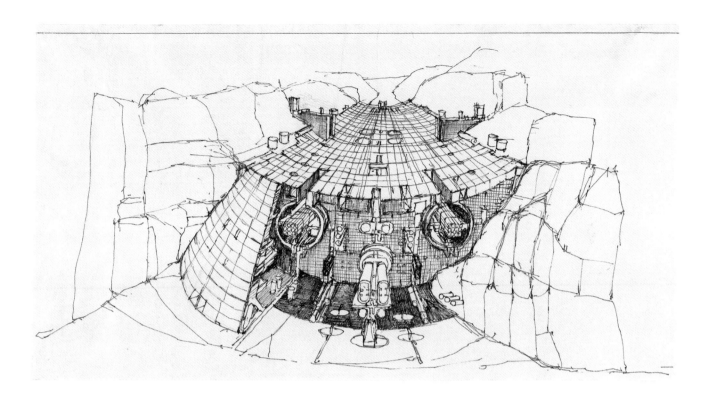

雷蒙·亚伯拉罕（Raimund Abraham）
（1933-2010年）

"冰川城市"（*Glacier City*）。剖断
面透视图，1964年

钢笔和铅笔

雷蒙·亚伯拉罕设计的冷战时期灵异作品，就像放射性掩蔽所切入地面的裂隙中一样。这是一座地下城市，理论上说能够无限延伸。街道和服务设施在隧道里延伸着，在这幅画中被剖切开，看上去像炮塔一样令人感到具有威胁性。表层是用太阳能板组成的一层盔甲。亚伯拉罕的建筑常常具有扰动效应：

他设计的纽约市奥地利文化广场（Austrian Cultural Forum）于2002年竣工，有着极薄的立面，宽度小于7.6米（25英尺），然而高度却有24层楼，表面覆盖凸出的铝制雕塑性构件。建筑师将其比拟为正在落下的铡刀，真是精妙极了！

何塞·路易斯·埃斯克拉（José Luis Ezquerra）（生于 1934 年）

哈 达 酒 店（Hotel Las Hadas） 水塔，墨西哥曼柴尼拉。透视图，大约 1964 年

描图纸上钢笔、彩色渲染和彩色蜡笔

描图纸奶油色上的白色蜡笔，使得这张海滨度假酒店建筑画散发着温暖的光泽。对于绘图员来说，将一座白色建筑置于天空的蓝色背景之下是更常用的技法，或者说在这张建筑画的情形中，可能期待以大海的蓝色为背景；但是何塞·路易斯·埃斯克拉将他的设计方案悬在空中，带来更多与世隔绝与宁静的感觉。当这座建筑建成的时候，这座水塔

（Torre del Agua）成为埃斯克拉设计的、位于墨西哥太平洋沿岸唯一度假区哈达（意为"仙人"）的最明显特征——闪闪发亮的白色雕塑形式组合，带有摩尔式建筑的意味。圆锥形水塔除了执行实用功能之外，正如楼梯底部的人物形象所暗示的那样，也成为蜿蜒曲折的、长长的攀爬梯段，可以通往瞭望平台。

architektuur met bewegende skulpturen

雷纳特·布雷姆（Renaat Braem）
（1910-2001年）

"带有活动雕塑的建筑"（*Architecture with Moving Sculpture*）。透视图，1964年2月

毡头笔、蜡笔和钢笔

自从20世纪50年代早期开始，雷纳特·布雷姆就在他的祖国比利时建造大规模社会住宅开发项目。布雷姆在青年时期曾经有一小段时间成为勒·柯布西耶的狂热学徒，因此他的建筑展现出柯布西耶设计元素的痕迹，例如大量使用混凝土，以及八字形底层架空柱。但是在20世纪60年代，他以生物形态造型缓和了功能主义方法，这是为了使社区能够与大自然更紧密地联系起来，正如在这张对一座住宅的研究草图中所展示的。这座住宅似乎是生长在茎秆上的，下部遍布绿色植物。在画面中没有一根直线，而乐趣在于那些色彩斑斓的、飞旋的汽车。在布雷姆绘制这幅建筑画的时候，他正在设计位于家乡安特卫普的Areanwijk住宅开发项目。在这个设计中，他以花卉形式来组合混凝土雕塑。

EACH WALKING UNIT HOUSES NOT ONLY A KEY ELEMENT OF THE CAPITAL , BUT ALSO A LARGE POPULATION OF WORLD TRAVELLER-WORKERS.

A WALKING CITY

朗·赫伦（Ron Herron）（1930-1994 年）

"移动的城市：纽约"（Cities Moving: New York）。透视图，1964 年

板上钢笔和铅笔画，加照片和影印画拼贴

朗·赫伦创作的这个不断延续的系列叫做"行走的城市"（Walking Cities），最开始叫做"移动的城市"，这批建筑画是"建筑电讯派"小组最著名的图片。这张画是原作之一，是赫伦在 1964 年创作的、展现他设计的像野兽一样的交通工具组画的一部分：用腿可以四处漫游的建筑物，从而能够在这个星球上游荡。在这幅画中，他

设计的吊舱叠加在一张展现纽约天际线的照片上，矗立在东河水面上。这些庞然大物带有可伸缩的触角，用来行走和彼此连接。手绘与照片拼贴的结合，尽管在整个 20 世纪时常被其他建筑师在建筑透视图中运用，但是，这是"建筑电讯派"风格的主导特征，这些图片用来描绘其试验项目。

汉斯·霍莱因（生于 1934 年）
"火花塞"（*Sparkplug*），1964 年
照片上加印刷纸拼贴

我们立刻就会把汉斯·霍莱因制作的这张图片中的火花塞解释为一座大型建筑，因为其叠置在乡村环境中的尺度和形式使然。这张照片拼贴画是霍莱因称之为"变形"（Transformations）的一系列认知幻象的一部分，其中许多都是以景观中的放大物体为特征的：一座小山上的经纬仪（带有望远镜

的一种仪器，用于测量），看上去像是一座天文台；一艘航空母舰被一片田野包围，霍莱因称之为一座城市；劳斯莱斯散热器护栅形状的一座大型建筑，主导着曼哈顿的天际线。霍莱因的意思是，如果你将这视作建筑，那么它就是建筑。

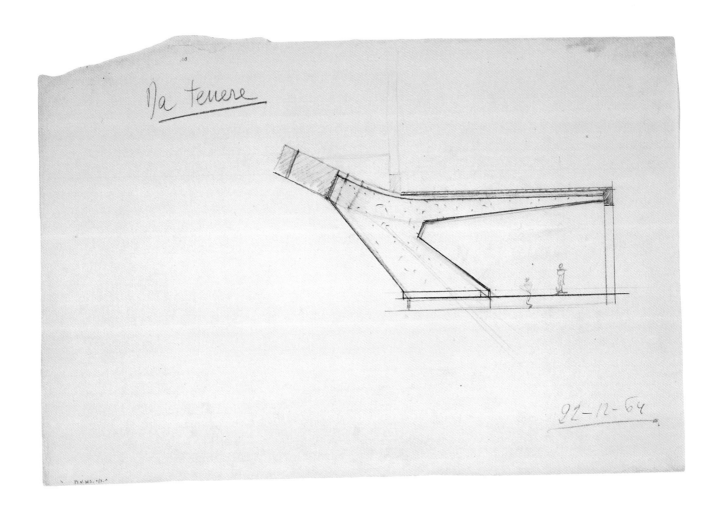

Da tenere

92-12-64

皮埃尔·路易吉·奈尔维（Pier Luigi Nervi）（1891-1979 年）

教皇觐见室（Papal Audience Chamber），罗马和梵蒂冈交界处，意大利。支撑结构立面图，1964 年 12 月 22 日

描图纸上蓝色和红色蜡笔

每个星期三上午 10 点半，教皇都要在梵蒂冈举办每周一次的公开觐见（General Audience），其场所就是意大利结构混凝土大师皮埃尔·路易吉·奈尔维设计的宏伟的会见厅。宽阔的混凝土屋顶覆盖着 12000 个座位的活动场地，屋顶上带有片状的宽敞开孔，以获取自然采光。奈尔维绘制的这张用笔简洁而准确的建筑画，是对锚固屋顶的预制混凝土支撑结构体系的研究草图：礼堂被庇护在左侧曲线之下，而右侧的梁形成了外侧门厅周边人流布局的优雅的解决方案。奈尔维设计的支撑结构是一种更新的飞扶壁。在画面左上方，奈尔维写着"请保留"（Da tenere）——这是写给他的员工的短笺，要求保留这张纸。

RENNES
RVE St GEORGES, CÔTÉ SVD·OVEST
PROJET de RESTAVRATION

雷蒙·科尔农（Raymond Cornón）
（1908-1982 年）

圣乔治大街一座半露木架建筑修复方
案，法国雷恩。立面图，1965 年

描图纸上铅笔画

以钢笔和铅笔绘制的极为细致繁琐的建筑
画，达到了 19 世纪晚期写实主义顶峰，同
时这种绘画易于转变成线条图片，用于刚刚
流行起来的杂志和期刊。这种艺术特性被传
统建筑师沿袭下来，并且发扬光大，正如这
张由雷蒙·科尔农绘制的精美的铅笔画所展
现的。他是 20 世纪法国重要的古建修复建

筑师，在布列塔尼工作。从构图上，科尔农
将这座考虑要修复的中世纪建筑偏离画面中
心，以欣赏右侧 18 世纪古典主义的市政住
宅。科尔农酷爱中世纪建筑的肌理构成：木
构件的纵横交错，石材砌体的构成和屋顶瓦
片组织呈现的运动感。

塞德里克·普莱斯（Cedric Price）
（1934-2003 年）
"陶瓷之都"思想传送带项目之
移动教学机器（Mobile Teaching
Machines），英格兰斯塔福德郡。
透视图，1966 年
描图纸上粘性印刷聚合物片、粘性黄
色圆点纸、铅笔和钢笔

一名学生刚刚从一间圆柱形教室——一个
"教学机器"，可以装载在轨道上，从一处
转换轨道到达另一处——走出来，正在等待
一辆穿梭列车将他送往大学校园的目的地。
塞德里克·普莱斯设想了一个可以在英格兰
陶瓷之都（English Potteries）地区瞬时移动
的庞大的大学。校园不仅是移动的，而且可
以重新布局。甚至学生宿舍也可以根据需要

随处移动。这张画刊载在 1966 年 10 月发
行的《建筑设计》（Architectural Design）
封面上，呈现的是列车司机的视角。引人
注目的樱桃红色和有肌理的图案，来自于
剪贴的、自粘印刷薄膜片，在当时这种产
品已经商业化，由拉突雷塞印字（Letraset）
这样的品牌商生产。

贝聿铭及合伙人事务所亨利·N·考伯（Henry N. Cobb）（生于1926年）

波士顿约翰·汉考克大厦（John Hancock Tower），美国马萨诸塞州。透视图，1967年

钢笔和炭笔

这幅画是由赫尔穆特·雅各比（Helmut Jacoby，1926–2005）绘制的。他是20世纪下半叶许多明星建筑师御用的大师级透视艺术家。在这幅画中，雅各比呈现了位于波士顿的约翰·汉考克大厦，这是由当地公司贝聿铭及合伙人事务所的建筑师亨利·N·考伯设计的，尽管有意采用的巧妙技法使得这座摩天楼自身几乎是看不见的。正相反，中心舞台让位于圣三一教堂（Trinity Church）。在具有历史传统的波士顿，建一座60层高的庞大建筑的想法会招致许多人的震惊，尤其是高楼有可能对这座由理查德

森（H·H·Richardson）设计的重要教堂建筑投下阴影的话。他是美国最著名的维多利亚风格建筑师之一。因此，雅各比就在塔楼的玻璃幕墙上做文章——这在当时是一种崭新的设计要素，不仅具有反射性，而且采用大块面玻璃板组成，带有超薄固定件——将光芒和荣耀都转给这座更古老的建筑。雅各比的钢笔画技法极为细腻、准确：天空是由成百上千紧密排列的垂直钢笔线段组成，以炭笔抹开形成肌理。有这样的建筑画，当然就赢得了设计委托。

让·勒诺迪（Jean Renaudie）（1925-
1981 年）

**勒沃德勒伊新镇设计研究，法国。规
划图，大约 1967 年**

描图纸上钢笔和蓝色铅笔

在让·勒诺迪设计的新镇规划图中央，他用
蓝色铅笔画出了厄尔河水面，这是塞纳河在
下诺曼底地区的支流。小巧的岛屿、高耸的
悬崖和台地都随盘绕着的建筑构成图案，将
一座省会小镇转变成以花卉点缀的漩涡组成
的地貌。在纸张的整个上部，这位建筑师贴

了一条描图纸：容纳更多的想法，更多层次。
尽管勒诺迪的设计方案没有实施，而且看上
去是乌托邦式的，但是在同一个时期，他正
在巴黎和日沃尔建造两座大型混凝土住宅综
合楼，都有着漩涡和弯曲的角度组成的多重
层叠形式，其间填满了绿意盎然的花园。

让 - 路易 · 雷伊 · 沙内（Jean-Louis Rey Chanéac）（1931-1993 年）

"短吻鳄城市"（*Alligator City*）。透视图，1968 年 3 月 29 日

描图纸上钢笔、毡头笔和水粉

画面中呈现了短吻鳄形状的邻里，每个邻里都带有一个隆起的背部和低垂的端部，那里有汹涌的红色循环流体，它们聚集在一起形成一座城市。在让 - 路易 · 雷伊 · 沙内绘制的这张建筑画外侧边缘，他强调了那些像粉红色细胞一样、悬挂在框架上的居住单元，用张力线锚固在地面。这些细胞是可移动的，使居民可以自由地携带个人住宅迁徙。可移动的单个细胞这一概念是沙内设想的城市规划的一个核心主题，就像他另外一个设计方案——弹壳城市（Crater City）——一样，在后者中，居住吊舱通过人造山峰和峡谷彼此交织在一起。沙内在自己的理念方向上走得如此之远，以至于获得一项可塑性蜂窝结构（plastic cellular structure）原型专利，这些蜂窝状结构可以叠加起来组成建筑物。

PADIGLIONE RAI 1968

"建筑伸缩派"（Archizoom）（活跃于 1966-1974 年）

"意大利广播电视公司馆"（*Padiglione RAI*）：世博城（EUR），意大利罗马。展馆剖断面轴测图，1968 年

硬纸板上彩色铅笔

"建筑伸缩派"是意大利重要的激进建筑团体之一。在这个为意大利国家公共广播公司（RAI）展馆（*Padiglione*）所做的设计中，该小组展现了他们如何为参观者创造一种感知体验。矩形空间被分作四个走廊——在画面中以垂直方向呈现——每一个走廊都是一个自给自足的、独特的事件场所。在具有迷幻效果的分段序列中，各个区域在放松和刺激之间轮换：例如，冥想厅（Meditation Room）通向电动阴谋中心（Centre for Electric Conspiracy）。展馆建成的时候，有一个区域被设计成向刚刚发行的电影《2001：太空漫游》（2001: A Space odyssey）致敬的布局。馆内充斥着许多庞然大物（定向仪，这部电影所暗示的，导向人类的终极归宿），这些物品由"建筑伸缩派"以黑色树脂玻璃塔来诠释，上面还有电视机，播放着意大利广播电视公司的纪录片。

蓝天组（Coop Himmelb(l)au）（成立于 1968 年）

"罗莎别墅"（Villa RosaⅡ）：充气居住单元。剖面图，1968 年

描图纸上钢笔、拉突雷塞印字和照片拼贴

这是奥地利建筑团体"蓝天组"的第一批设计之一。它们是来自维也纳的激进概念设计小组，以探索利用充气气泡作为栖居之所的理念而开展设计工作。在这张建筑画中，八个充气气球组织在一起，成为具有讽刺称呼的"别墅"（针对的是诸如勒·柯布西耶设计的萨伏伊别墅这样的现代主义偶像）。这是一个便于移动的加压环境，有两个巨大的穹顶，其中一个带有可以旋转的床，另一个

是小型私密领域。照片拼贴上去的人物是三位建组成员——沃尔夫·迪·普瑞克斯（Wolf D. Prix）、海默特·斯威兹斯基（Helmut Swiczinsky）和迈克尔·霍尔兹（Michael Holzer）——带着头盔，看上去像陆地上的太空人。蓝天组对于罗莎别墅的实际使用充满信心，将这个设计提交给美国航天局，但是方案没有被采纳。

弗雷·奥托（Frei Otto）（生于
1925年）

蒂尔加滕地区的展馆，德国柏林。透
视图，1968年

钢笔和彩色渲染

弗雷·奥托是早期帐篷形状张性结构的大师。
他设计的建筑不是以传统的承重加压方式建
造的，而是以张力方式，通常由从桅杆上悬
垂下来的缆索来建造。在奥托绘制这幅建筑
画的前一年，他建造了当时规模最大的构筑
物——位于加拿大蒙特利尔的1967年博览
会德国馆。这座建筑采用八根钢桅杆支撑由
半透明织物组成的轻质屋顶。在这幅水彩画
中，奥托展现了这样一个类似的结构如何可

以用作花园建筑，使内部的气候可以调控，
安置在柏林蒂尔加滕地区的公园环境中。他
作的注释可以作为表明展馆三个主题区域分
配的副标题：左边是带有悬挂雕塑的园艺艺
术展区；中间围绕着桅杆旋转的是一个悬园；
右侧低矮的是一座水园。插入设计方案中的
是几间工作室、一间展厅和一间餐厅。

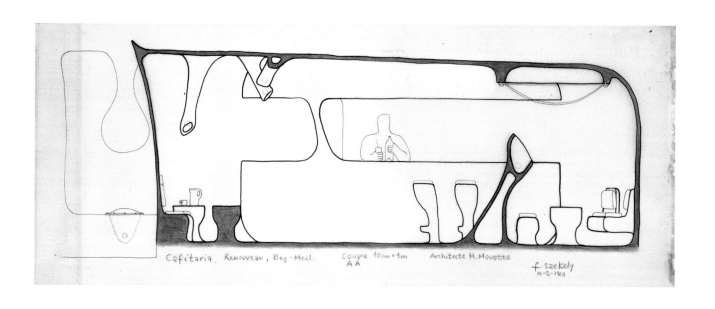

Cafétaria, Renouveau, Beg-Meil.   Coupe 10cm=1m   Architecte H.Mouette   F. szekely
                                          AA   14-2-1968

亨利·穆艾特（Henri Mouette）
（1927-1995 年）和皮埃尔·谢凯利
（Pierre Székely）（1923-2001 年）
贝格梅伊的自助餐厅，法国富埃南。
剖面图，1968 年
描图纸上钢笔、铅笔和红色蜡笔

在 20 世纪 60 年代晚期，法国建筑师亨利·穆
艾特和匈牙利雕塑家皮埃尔·谢凯利展开合
作，设了位于比斯开湾海滨的度假村。这间
自助餐厅的剖面图是由谢凯利绘制的，强调
了穆艾特设计的建筑的有机特色。家具和灯

具突出的样子就像活生生的植物。自助餐厅
的外墙就像其他度假建筑外墙一样，采用混
凝土，并刷成白色。这座小屋呈现出多种不
常见形状的混搭，从圆顶形状到圆柱形都有。

帕斯卡尔·豪泽曼(Pascal Haüsermann)
(1936-2011 年)

"塑料单元住宅"(*Cellules plastiques*)。
立面图，1969 年

描图纸上钢笔画

在 20 世纪 60 年代和 70 年代，瑞士建筑师帕斯卡尔·豪泽曼设计建造了一系列可居住吊舱。其中有一些今天仍作为住宅在使用。在阿尔萨斯 - 洛林地区，有一组豪泽曼设计的气泡建筑成为时髦的汽车旅馆。这位建筑师以多种形状、尺寸和布局设计了许多种吊舱。大多数结构采用木材与混凝土，但是为了增加生产力，豪泽曼开始探索利用一种预制塑料壳，这就是他所说的"塑料单元住宅"。在这张钢笔画立面图中，一群游客拿着行李来到一组三个塑料单元住宅组成的建筑前。这些单元住宅都建造在金属框架上。

艾菲德·胡特（Eilfried Huth）（生于 1930 年）和昆特·多明尼克（Günther Domenig）(1934-2012 年)

"全媒介"（*Medium Total*），1969-70 年

树脂玻璃上照片影印画、树脂和聚酯胶片

奥地利建筑师合伙人艾菲德·胡特和昆特·多明尼克为了阐明对于生命和居住新形式的乌托邦设想，创作了塑料和金属模型以及粘性画板，例如这张月球照片上覆盖了黄色涂层和以树脂形成的红色圆点。依照他们的理论，处在右下方的地球上渗透过来的膜，是一种生物胶质。这是一种生命能量，形成一个感知网络。所以，这个方案的细部将科幻小说和诗意的呈现、与一类关于"超新星人类"

（supernova hominids）的故事结合起来，在这些故事中新人类对胶质媒介的新居住空间进行殖民，通过身体和环境的有机功能进行交流。随着越来越关注环境的趋势，胡特和多明尼克的方案致力于寻找一个安全的天堂——那是一个完全自给自足、可再生和适应灵活的场所，就像这幅画的标题"全媒介"所暗示的那样。

ST. MORITZ è la capitale turistica e mondana dell'Engadina. Oltre ad essere uno dei centri più turistici della Svizzera per gli sport invernali, è anche un pittoresco luogo di villeggiatura estiva. Le sue fonti d'acqua ferruginosa sono note fin dall'del 1466. St. Moritz ha dedicato a E. Segantini un Museo, in cui sono raccolti molti dei suoi celebri dipinti.

超级工作室（Superstudio）（活跃于 1966-1978 年）

"连续纪念碑：重返圣莫里茨"（*The Continuous Monument: St Moritz Revisited*）。**透视图，1969 年**

剪贴印刷纸、彩色铅笔和油画

"连续纪念碑：纽约"（*The Continuous Monument: New York*）。**透视图，1969 年**

彩色平版画

"生活：露营"（*Life: The Encampment*）。**透视图，1972 年**

剪贴印刷纸

与 20 世纪 60 年代反文化运动一致的是，"超级工作室"的宣言就是拒绝当代城市规划，甚至排斥对建筑的需要，认为这是资产阶级所有制的建构。他们创作的"连续纪念碑"系列是一种乌托邦式的设想，将这个星球用一种连续框架包裹起来，使用照片蒙太奇技术获得增强的现实感。在从这个系列中选出来的画作中，构筑物部分成为纪念碑，展现了令人震惊的美丽，横跨在瑞士圣莫里茨湖上，呈现静谧的魅力；著名的曼哈顿天际线只不过是这条全球超级公路的中途停留站；一个无拘无束的家庭整个就是悬挂着的，他们临时安置在这个连续的网格上，在云端上扎帐篷露营。

"怒火燃烧"小组（ZÜND-UP）（活跃于 1967-1972 年）

位于卡尔广场的大维也纳机动车增容器（Great Vienna Auto-Expander），奥地利维也纳。透视图，1969 年

拼贴画

一个巨大的弹球机将机动车压成小块，从而可以带回家，埋在花园里。这是对于维也纳交通问题的一个无政府主义解决方案。提出方案的是四位建筑学生。他们称自己为"怒火燃烧"小组（ZÜND-UP），这是组合了德语"燃烧"（burn）和英语"向上"（up）两个单词而成的。这个小组在地下车库里呈现他们的方案。他们的教授受到的致意是吉米·亨德里克斯（Jimi Hendrix）的喧闹音乐和一大群身穿皮衣的摩托车手（他们也不太清楚自己为什么会在此地），一齐发动他们的哈雷戴 – 维森（Harley-Davidson）和诺顿（Norton）牌摩托车。"怒火燃烧"小组是昙花一现的，他们的方案尽管只是在纸上和轶事中实现，但是随着人们对 20 世纪 60 年代试验性建筑团体的兴趣与日俱增，其作品在 20 世纪 90 年代晚期被再次发现。

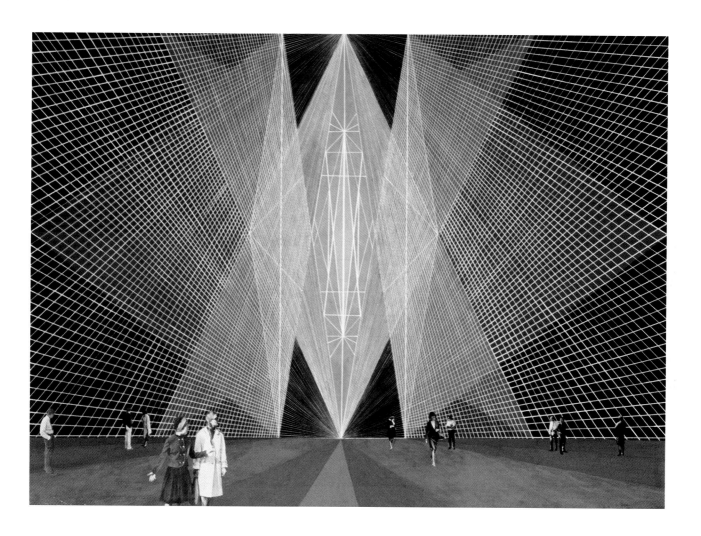

列夫·努斯贝格（Lev Nussberg）（生于1937年）

"精神圣殿的祭坛"（*Altar for the Temple of the Spirit*）。动力学学院（Institute of Kinetics）祭坛草图，1969-1970年

蛋彩画和照片拼贴

俄国建筑师列夫·努斯贝格宣称，改变的途径最好是通过运动和对称来达成。他在1964年"运动小组"（Dvizhenie）的成立过程中发挥了领导作用。这是一个不墨守成规的苏维埃建筑师乐团，他们创作了一些装置艺术和演艺节目，在未得到政府官方许可的情形下就表演。这个集体对革命时期俄国先锋艺术家进行了再发现、对其作品进行展览，并重新诠释，例如，布里奇特·赖利（Bridget Riley）和维克托·瓦萨雷里（Victor Vasareley），同时也探索铁幕另一侧当代光效应绘画艺术的几何与动力学方法。他们也

受到新技术的吸引，深感其与艺术的和谐，努斯贝格将这些转换到建筑学领域，增添了乌托邦式的幻想。这幅拼贴画是与"运动小组"成员纳塔莉娅·普罗库拉托娃（Natalia Prokuratova）合作绘制的，是努斯贝格的"人造生物动力学环境"（*Artificial Bio-Kinetic Environment*）理念的发展。这是他提出的、一座未来可居住3500万～4000万人口的城市概念方案。神秘的蓝光从圣殿墙体上随几何形起伏的狭长开口处倾泻出来，这是精神的光芒，使体量感更加跃动。

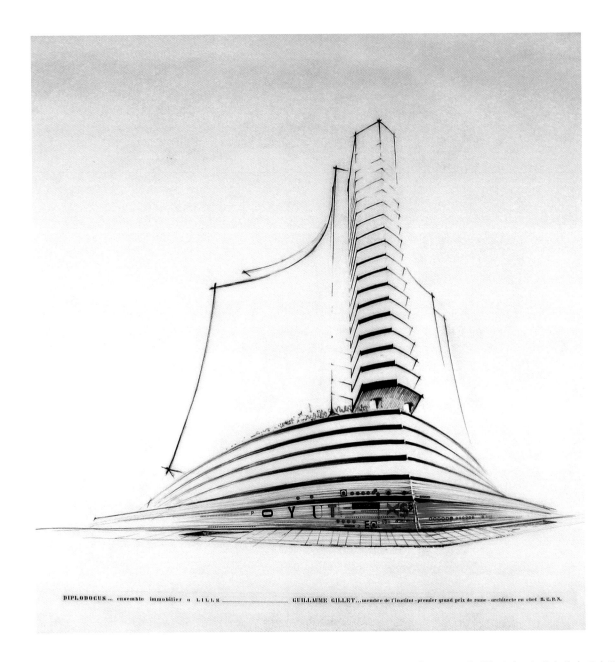

DIPLODOCUS ... ensemble immobilier a LILLE _____ GUILLAUME GILLET ...membre de l'institut - premier grand prix de rome - architecte en chef B. C. P. N.

纪尧姆·吉莱特（Guillaume Gillet）
（1912-1978 年）

新世纪大厦（New Century Building），
法国里尔。透视图，大约 1970 年

黑色钢笔、彩色钢笔、马克笔和干式
转印文字

新世纪大厦于 20 世纪 70 年代建成开业，成
为里尔的主要文化中心，容纳了一座音乐厅、
还有商店和办公部分。这是一张早期设计图，
由建筑师纪尧姆·吉莱特以最喜爱的马克笔
来表现的。这种绘画风格很适合建筑的新表
现主义风格，低视角的透视图戏剧性地强调
了具有雕塑感的结构。吉莱特的设计展现了

受到埃里希·门德尔松在两次世界大战期间
设计的建筑的影响，例如爱因斯坦纪念碑，
同时也对门德尔松独特的草图方法表达了敬
意（见第 100 页）。底层剧场围墙上的文字，
是加上去的粘性转印图案，就像拉突塞特印
字一样，纸张底部一排签名和标题也采用同
样方法。

UFO 小组（成立于 1967 年）

一座仓房的修复改造。鸟瞰透视图，1970 年

黑色蜡笔

UFO 是一个激进的建筑师小组，成员们在佛罗伦萨大学就读时走到一起；这张画是他们关于城市规划硕士论文的一部分，规划选址在佛罗伦萨和托斯卡纳山区之间的乡村地带。该小组与"超级工作组"（见第 218-219 页）有很多相似之处，后者在早几年成立于同一所大学，通过探索概念性图像制作对现代主义建筑提出了激烈的批评。在 1969 年，追随着激进艺术运动的传统，这个小组提出了"不连续宣言"（*Manifesto del Discontinuo*），声称这个世界再也不是稳定的，而是在运动中，需要新的、有凝聚力的建筑。在这幅由拉波·毕纳吉（Lapo Binazzi）绘制的建筑画中，许多各具魅力的小建筑组合在小山丘顶部，建造在柱子上，由台阶连接。这些小房子都包裹在一个建筑形状的玻璃盒子里；一群鸟强化了透明的感觉。这座房子似乎没有入口，即便居民没有走远，他们在附近留下了草地椅和放在冰块里的一瓶葡萄酒。

"蚂蚁农场"小组（Ant Farm）（活跃于 1968-1978 年）

"世纪之家"（*The House of the Century*）：安格尔顿镇的卢贝金特住宅（Lubetkin House），美国德克萨斯州。立面图，大约 1971 年

钢笔、毡头笔、彩色蜡笔、墨水模板印出的文字和照片蒙太奇

"蚂蚁农场"是一个建筑师合作小组，在十年时间里，他们利用家乡旧金山嬉皮士运动生气勃勃的场景来创作反文化设计。他们最著名的评论是针对他们感觉到的、美国梦消费主义文化的失败，这个作品就是装置艺术"卡迪拉克牧场"（*Cadillac Ranch*），如今仍旧矗立在穿越干旱的德克萨斯平原的公路上，使驾驶员感到震惊。这是些像鬼魂一样惊现的、一长排半埋在土里的卡迪拉克汽车，汽车尾鳍突出在地面上。在这张表现图中，一辆粉红色 1955 年产福特皇冠维多利亚汽车，叫做"玛丽莲"（Marilyn），放置在一个起重器械上。绘制这幅画的道格·米歇尔斯（Doug Michels）是这个小组的主要成员，他甚至怀疑小组成员作为建筑师的权威性，在画面上加了一句具有讽刺意味的标注，宣称"信任你的建筑师！"（Trust your architect!），还贴上一张自己的照片——"道格"，这位激进的长发建筑师，和他的业主"卢贝金特夫人"在一起。玛丽莲和阿尔文·卢贝金特（Alvin Lubetkin）真的非常信任"蚂蚁农场"小组，因为这座奇怪的、像章鱼一样的"世纪之家"真的建造出来了。

"豪斯路克团体"（Haus-Rucker-Co.）（活跃于 1967-1992 年）

"棕榈树岛（绿洲）"（*Palmtree Island (Oasis)*）：美国纽约。透视图，1971 年

板上照片，加上印刷纸、水粉和铅笔

一个绿洲天堂跨越在一座引桥的多层立交桥上。在透明穹顶里，棕榈树岛上有着沙滩和黄色帆船，被水面环绕着。可以偷窥到的上空，是曼哈顿桥上的悬塔之一。在 1971 年，奥地利小组"豪斯路克团体"刚刚在纽约开设了一间设计工作室。他们用这个方案表达

对刚到达的这座城市的颂扬，是对巴克敏斯特·富勒设计的、跨越在曼哈顿岛上的穹顶（见第 182 页）著名图像的隐喻。然而，该小组对于城市规划实际解决方案并不感兴趣，而是对通过幻想和逃避现实的空想进行激进的干预饶有兴味。

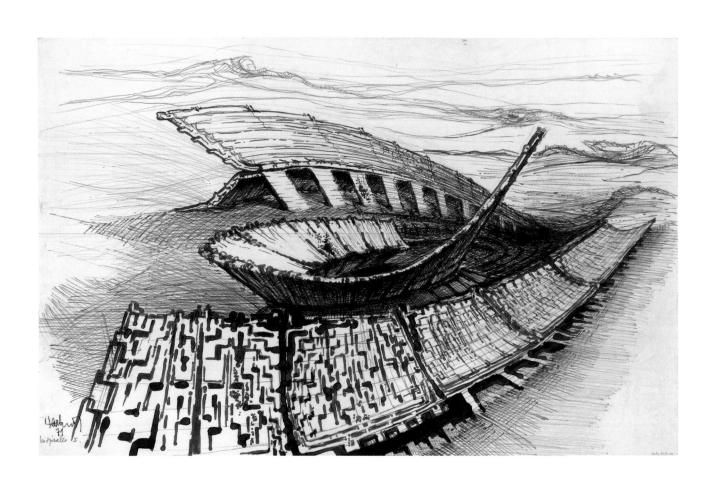

克劳德·帕朗（Claude Parent）（生于 1923 年）

"乌托邦城市：倾斜交织：螺旋 1 号"（Utopia City: Interlacing the Oblique: Spirals I）。鸟瞰透视图，1971 年

描图纸上钢笔

在 20 世纪 70 年代，克劳德·帕朗创作了一个庞大的钢笔画系列，探索基于"倾斜功能"（oblique function）的乌托邦城市。帕朗主张，垂直和水平的东西应当被倾斜的东西来调节，同时沿着斜路和陡坡设置流线。他称这种新的空间关系为"倾斜规划"（leaning plan），将产生新的城市社会。帕朗的理论根植于情境主义的激进理念，在法国 1968 年 5 月的抗议运动中这一群体得到发展壮大。在这张研究草图中，一座城市沿着悬在倾斜基础上的景观滑行，在中心部位有一个旋转着的、像打钩符号一样的构筑物。

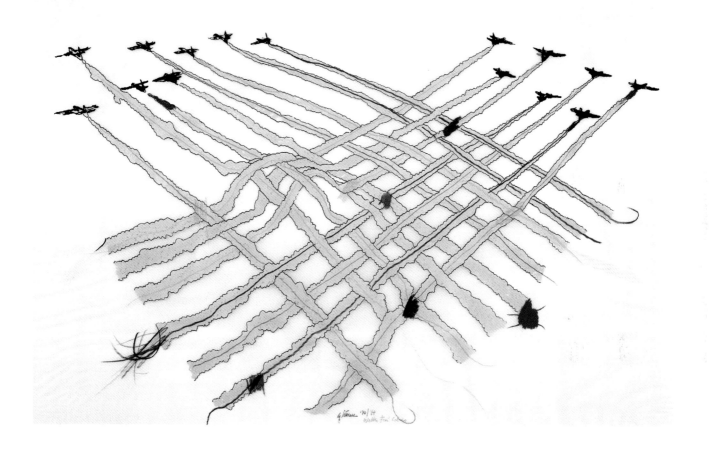

詹尼·佩特纳（Gianni Pettena）（生于 1940 年）

"监禁"（*Imprisonment*），1971 年
描图纸上钢笔，由 W·富西（W. Fusi）在 1980 年加上彩色蜡笔和渲染

这幅画是喷气式飞机蒸汽尾迹交织出的、似是而非、令人难以置信的网。飞机的空中分列产生了网格（还有一个离奇的隆起），建筑师詹尼·佩特纳将之解释为现代建筑中使用的、无处不在的形式：纵横的条纹对于居民和新的建筑开发项目起着"监禁"（Imprisonment）的作用。佩特纳在绘制这幅作品时，刚从佛罗伦萨大学毕业，当时那是试验性激进建筑的温床。

亚普·贝克马(Jaap Bakema)(1914-1981 年)

"街道"（The Street），代尔夫特大学建筑系馆，荷兰。透视图，1972年 12 月 20 日

描图纸上铅笔、毡头笔和修正液

在 2008 年 5 月，大火烧毁了代尔夫特大学建筑系大楼。其建筑师是亚普·贝克马，他是范登布鲁克（Van den Broek）和贝克马合伙人事务所的合伙人之一。这座系馆于 1970 年建成投入使用，两年之后，他绘制了这幅表现主要走道——"街道"——的建筑画。贝克马是一位杰出的漫画家和设计 - 绘图大师——同时也是该系受敬重的教授。他把自己也画进画里，双腿交叉坐在一张长椅上，

他的姿态就好像正在看着一位画面上看不见的同伴。在建筑杂志《Bouw》（1971 年 6 月刊）中，贝克马写道，他对于这个刚刚完成的设计所获得的成功感到喜悦："街道开始变得有人气。还是有随意张贴的人出没，但是海报以及甚至墙面的肌理都开始变得恰到好处（尤其是被行动派小组张贴的墙面，简直就是最有成效的！）。"

保罗·鲁道夫（Paul Rudolph）（1918-1997 年）

下曼哈顿高速道路，美国纽约市。通往威廉斯堡桥的透视图，1972 年

棕色钢笔

保罗·鲁道夫是一位重要的粗野主义建筑师，其创作的大体量混凝土建筑都拥有复杂的几何形式。这幅为穿越下曼哈顿的高速道路而作的夸大狂式的设计，是一个严肃的设计提案，作为当时"城市复兴"（urban renewal）计划的一部分。假使这个计划没有被取消的话，会摧毁大部分苏豪区和翠贝卡区。鲁道夫的建筑画展现了"交通走廊"（transportation corridor）截断一个由金字形神塔状居住建筑构成的峡谷：最上面一层是步行区，下面一层用于交通，再往下是多层机动车停车场。鲁道夫的城市设想或许难以实施，而且其设计不是位于合适的选址，但是这一设计令人印象深刻，而且以他精美的绘图风格优雅地渲染出意境。通常，鲁道夫的建筑画采用黑色钢笔，而且线条密集，细部丰富，用尺子画出许多线条组成密网。但是，在这幅画中，建筑师完全徒手描出这样一张有条理的画，并使用了红棕色墨水，使得这一设计带出更多温暖和人性的感觉。

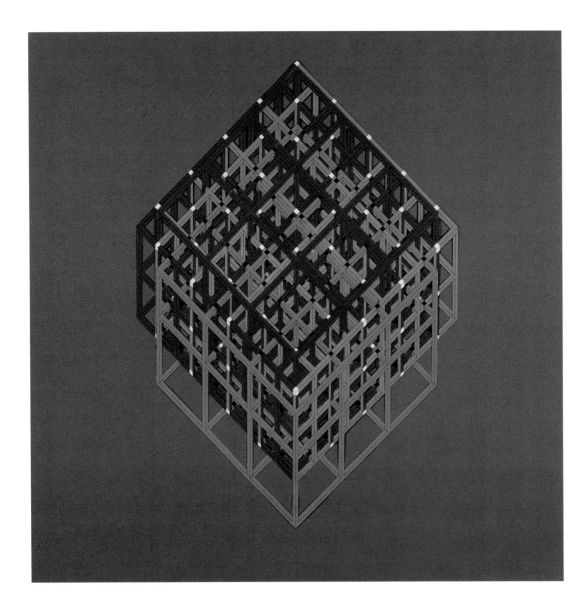

彼得·埃森曼（生于 1932 年）

位于康沃尔的住宅 6 号（弗兰克住宅（Frank Residence）），美国康涅狄格州。轴测图，大约 1972 年

"即印色调"（Zip-A-Tone），钢笔和彩色层压纸

这张色彩鲜艳的、交织在一起的网格表现图，呈现了彼得·埃森曼设计的住宅 6 号基础结构，这是其试验性住宅系列的第 6 座。这座周末别墅是由苏珊和迪克·弗兰克夫妇委托设计的，他俩分别是建筑历史学家和摄影师。这座住宅是埃森曼的第一座建成作品。因其令人困惑的形式，这座别墅后来变得臭名昭著，形式已经超越成为易于生活的场所这一功能。在这幅画中，埃森曼采用彩色"即印色调"（一种带有背胶的油墨转移技术）准确描绘出彼此冲撞的线条组成的网格几何形状。在设计的下一步他要去掉一些线条，将另一些改变为梁和柱，再把其他一些填充起来，成为墙体，同时还留有一些开口。结果是各个平面彼此冲撞，而空间非常不规则，因此颠覆了传统的房间属性。例如，在卧室，网格线成为一片玻璃，穿过顶棚、墙面和地板，一直延伸到房间中央，迫使弗兰克夫妇分开睡在玻璃两侧各自的床上。然而，无巧不成书，这对业主很享受这个设计带来的智力上的刺激。

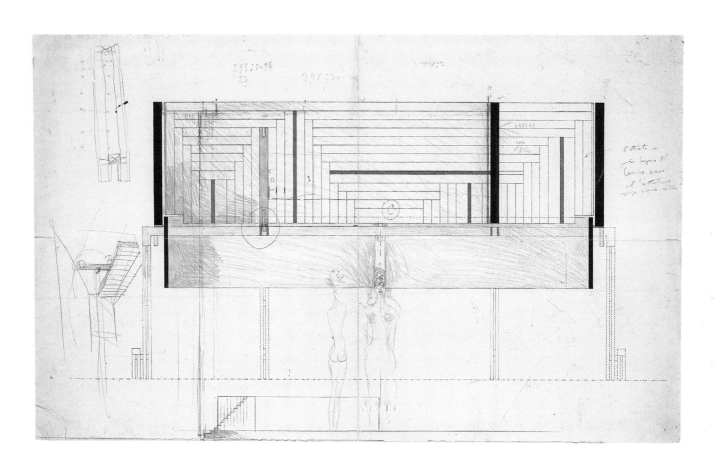

卡洛·斯卡帕（Carlo Scarpa）（1906-1978 年）

岛屿展厅，布里昂墓园（Brion Cemetery），圣维托阿尔蒂沃莱，意大利特勒维索。立面图和草图，大约 1972 年

印刷品上加铅笔和彩色蜡笔

在正立面和侧立面图中，一位裸体妇人发现自己几乎就要被埋在一个墓园建筑中了：这是一座展馆，建造在水池里，用于沉思和冥想。她唯一能够瞭望的点就是一条裂缝。在卡洛·斯卡帕的这幅画中，人物是用作量尺的，以显示尺度，并展现出当参观者站在他设计的这座小型展馆中时，视线会被屏蔽住，除了那一薄片的金属板。头顶是由木板条组成的有图案的顶棚，支撑在薄金属框架上，部分用棕褐色蜡笔上了色。下方是敞开的，带有灵柩一样的座位和花盆。

斯卡帕在为布里昂家族设计停尸房建筑群时辞世。他就以垂直的姿势埋在这座墓园里。

詹姆斯·斯特林（James Stirling）
（1926-1992 年）

奥利维蒂公司英国总部大楼（Olivetti British Headquarters），**英格兰米尔顿·凯恩斯。室内透视图，大约1973 年**

描图纸上钢笔、彩色铅笔和铅笔

画面展现的是奥利维蒂英国总部大楼门厅，詹姆斯·斯特林（人称大吉姆 – Big Jim）指着对侧他的助理布里安·里奇斯（Brian Riches）。这家公司在当时以现代外观的打字机制造商而闻名。这幅画由莱昂·克里尔（Léon Krier）绘制。这位卢森堡建筑师在1968 年加入斯特林事务所，成为他最得力的绘图员，后来也找到了自己的风格，并获得成功（见第 246 和 269 页）。克里尔自己的半身肖像放置在一个柱基上，将自己置于一个中立的观察者位置，以此增加了一抹古

典主义的味道，与托马斯·霍普（Thomas Hope）设计的摄政风格桌椅相协调。斯特林拥有这批家具，在画面中可以看到他正坐在这把椅子上。

这幅画是为出版《詹姆斯·斯特林：建筑与方案，1950-1974 年》（*James Stirling: Buildings and Projects, 1950-1974*）（1975 年）而绘制的，在这之前几年奥利维蒂总部大楼项目已经取消了。克里尔将自己和里奇斯放在这幅画中，据他说是因为事务所职员从未受到来自斯特林的足够赞赏。

232

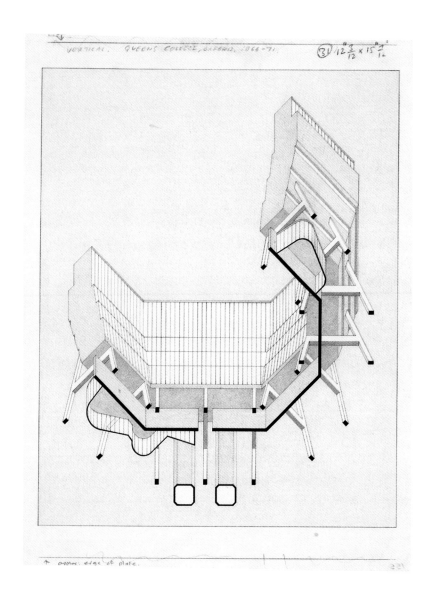

詹姆斯·斯特林（James Stirling）
（1926-1992 年）

女王学院弗洛里大楼（Florey
Building），英格兰牛津。仰视轴测图，
大约 1973 年

描图纸上钢笔、铅笔和彩色蜡笔

尽管许多建筑师都使用轴测投影，但是詹姆斯·斯特林和他的事务所绘制的轴测投影图是非常著名的，也是斯特林的标志。更出名的是他采用的仰视视角，或者说向上看的视角绘制的轴测图，在这幅成为其最受尊崇的建筑画之一的画作中，可以看到这种技巧的精美之处。这是位于牛津的一幢学生宿舍楼，设计和建造于 1966–1971 年。就像错觉艺术手法绘制的巴洛克天顶画一样，这座建筑似乎要上升到天空的蔚蓝色中。但是，在这幅画中，没有透视法中的投影缩减，因为轴测投影使所有轴的比例是固定的。粉色代表瓷砖墙；这个马蹄形状平面的内表面都是玻璃的，以充分利用河景视野。整个建筑建造在混凝土支腿上。这幅画绘制在描图纸上，是一系列用描图纸绘制的画中的最终稿。这些描图纸上的建筑画使得斯特林和他的设计团队能够逐渐地简化设计，直至留下精华部分。在这个设计案例中，建筑画由莱昂·克里尔（Léon Krier）绘制用于出版。

阿尔多·罗西（1931-1997 年）
圣卡塔尔多公墓（San Cataldo Cemetery），意大利摩德纳。鸟瞰透视图，加上建筑透视图，1973 年
油粉笔、钢笔和毡头笔

阿尔多·罗西在摩德纳创作的、为死者建造的带围墙城市，是 20 世纪晚期一个具有影响力的设计项目，凭借许多不断改进版本的建筑画而出名，是建筑师在 1971 年赢得设计竞赛之后创作的。在这幅画中，罗西将公墓总体鸟瞰透视图与主要建筑——大部分是骨灰安置所——的立面透视图结合起来。在平面中，黑色和灰色台阶状金字塔形式提示法老的葬礼仪式；这部分将成为一排排坟墓，有一条红色甬道穿过其

中心位置，直到一座椎体状建筑物，再逐级向下到达公共墓地，这座建筑物的立面可以在右上角看到。然而，公墓的这个部分从未建造起来，只留下周边一些墓地墙体，以及一座罗西设计的最著名建筑，在画面中是由上往下看的、带有红色方块的部分；高耸的骨灰安置所从内部向天空敞开，在左上角立面中可以看到，朴素无华的外墙上门窗洞口以规整的方式布局。

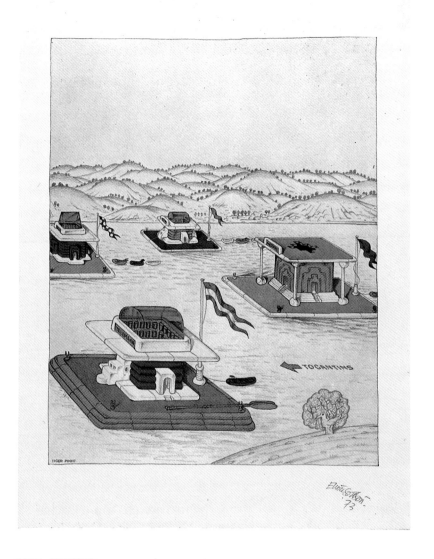

艾托尔·索特萨斯（Ettore Sottsass）
（1917-2007 年）

"聆听古典音乐的筏"（Rafts for Listening to Classical Music），1973 年

锌板平版印刷，加上彩色蜡笔

在 1959 年，离大众开始认可技术在塑造世界文化方面的能力还有几十年的光阴，艾托尔·索特萨斯就为意大利首台电动计算器设计了外壳。这台计算器是由奥利维蒂（Olivetti）公司制造的、真空管提供动力的机器。在 1973 年，索特萨斯半开玩笑、半由对印度神秘主义和当时的毒品情形兴趣所驱动，在《Casabella》杂志上发表了一篇题为 "作为庆典的星球"（The Planet as Festival）的小品文。在文中，他设想出一个

用机器制造机器的世界，因此人们摆脱所有劳作，使我们能够追随生活的真义：从一个庆典到下一个庆典。索特萨斯用这张画作为文章插图，由日本艺术家立石大河亚（Tiger Tateishi，1941–1998）制作成版画。这幅画提出一种为游牧生活方式而建造的建筑，包括这些建有庙宇的筏子，人们可以在其上聆听古典音乐。在这幅画中可以看到这些筏子漂浮在托坎廷斯河上，穿越巴西的丛林。

巴特·普林斯（Bart Prince）（生于
1947年）

位于阿尔布开克的汉纳住宅（Hanna
Residence），美国新墨西哥州。透
视图，1974年

聚酯胶片上铅笔、钢笔、彩色铅笔和
彩色粉笔

建筑风格和时尚从未使巴特·普林斯产生兴
趣，正如这张为一座位于其家乡阿尔布开克
的住宅绘制的建筑画所展现的那样。普林斯
说这种漠不关心是他成长在新新墨西哥州土
坯建筑环境中的反应，这种风格在20世纪
早期在该州非常流行（见米姆的建筑画，第
85页），同时也因为他与俄克拉荷马州的
激进建筑师布鲁斯·高夫（见第159页）并
肩合作而得到强化。普林斯为汉纳住宅而绘

制的建筑画是设计初期的草图：在建造的时
候，房子更低矮一些，但仍然保留了起居空
间非同寻常的圆柱形体量。普林斯绘制这幅
画的时候采用了黑色钢笔、彩色铅笔和彩色
蜡笔，画在聚酯胶片上。人们把这种胶片称
作其商标名——迈拉（Mylar），这是一种
平滑的塑料薄膜，不容易撕坏，由杜邦公司
于20世纪50年代早期研制出来。

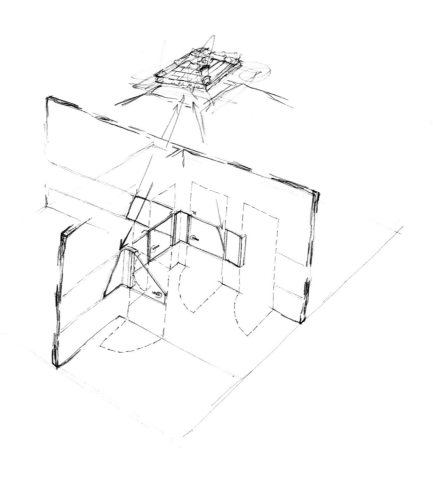

高登·玛塔-克拉克（Gordon Matta-Clark）（1943-1973 年）

一座解构住宅（W-Hole House），意大利热那亚。屋顶门廊和基准切面（datum cut），1973 年

铅笔和钢笔画

纽约建筑师高登·玛塔-克拉克并不是在设计新建筑物，而是因成为切割旧建筑物的艺术家而出名。他利用即将拆毁的构筑物，运用动力锯和凿子切出开口，将落锤破碎机对准某些部位，在结构上敲掉大块肌理，形成预先设计的或随意的形状。当然了，这些项目都是短命的，也都被拆除了，但是玛塔-克拉克确信它们记录在胶片和照片上，为后代所用，同时他也出售为筹备而制作的草图。这张草图就是为一座位于热那亚市的、先前的绘图室进行建筑切割的设计图。虚线是要切出的部分——通过门、墙体、地板和顶棚的形式进行切割——以这样的方式这位建筑师对已构筑的空间进行了解构。

1974 - 2000 年

制作的建筑画

在 1974 年，建筑画主要都是手绘的，建筑师基本上都采用数百年来成为标准的同类型工具和绘画材料。建筑绘图员所拥有的、技术上最先进的工具也就是用于擦除的电动橡皮。四分之一世纪之后，也就是到新千年，大多数设计执业机构利用计算机来创作建筑画。这不是说用铅笔、钢笔和笔刷手绘的绘画艺术被取代了，而是得到另一种利用键盘和鼠标、眼手共用制作出来的绘图技术的补充。

建筑学的趋势和建筑风格以建筑画的形式涌现出来。到 20 世纪 70 年代中期，现代主义规整的理性主义分崩离析，正处于碎片化和解构的状态。建筑师 - 艺术家高登 · 玛塔 - 克拉克为废弃的旧建筑的切割和移除而准备的钢笔草图，在将建筑形式拆解开来产生令人震惊的空洞和实体方面，成为大胆的试验（见第 237 页）。彼得 · 埃森曼以绘制网格的方式进行试验，现代建筑师都非常喜爱这些格网。然后他移动或替换这些网格的片段组，来构建具有破碎状室内空间的住宅（见第 230 页）。在 1979 年，丹尼尔 · 里伯斯金以重要解构主义建筑师而闻名之前，就创作了一组丝网画——米克罗梅加斯（意为"巨人"）方案（Micromegas Project）。在这幅画中，他采用了经典现代主义轴测投影——类似的可以在费利克斯 · 迪马伊于 1931 年绘制的公寓楼设计图中（见第 113 页）看到——构建了一系列复杂抽象的房间，这些房间从视觉上无法使人确信是可以建造起来的建筑设计（见第 255 页）。但是，在所有解构主义建筑师中，正是扎哈 · 哈迪德以色彩丰富的、爆炸性的大幅丙烯画表现出她设计的正在破碎的建筑物，创作出最壮观的视觉盛宴（见第 275 页）。

年轻建筑师受到由老一代建筑师所描绘的技术世界愿景所启发，例如巴克敏斯特 · 富勒，这些年轻人将现代主义推进到高科技时代。诺曼 · 福斯特是工业美学的先锋倡导者，他能够将一座工业仓库转变为采用最先进技术的、具有良好适应性的建筑作品，他也是绘制说明性草图的专家（见第 242 页）。在善于绘制插图的英国建筑师休 · 卡森（见第 162 页）的事务所短暂接受训练的经历，使得福斯特感受到笔触的轻盈，而作为美国人保罗 · 鲁道夫（见第 229 页）的绘图员的工作经历，使得他掌握了密集线条画的准确性。

一方面建筑变得高度工程性，另一方面，呈现设计的手法从本质上来说仍然固着于采用现代主义运动表现方法：绘画、水彩和照片拼贴。例如，西萨 · 佩里是一位设计摩天楼和企业办公建筑的建筑师，常常喜爱使用铅笔。他的标准绘画程式之一是通过对角线阴影线的方式创造出具有深度和光影的幻境似画面（见第 286 页）。这是一种可以追溯到 19 世纪的绘画技术，佩里继承了这种技术，并通过其早期在埃罗 · 沙里宁（见第 167 页）事务所的工作经历创造出自己的风格。而埃罗 · 沙里宁则是接受其父亲——芬兰建筑师伊利尔 · 沙里宁（见第 21 页）的训练。

20世纪晚期建筑画道路的另一条方向是后现代主义，以夸张形式回归古典元素，将之运用于新的文脉。迈克尔·格雷夫斯设计并绘制的建筑画在促进这一运动中是关键性的；这些画得到广泛的讨论和出版，尤其是他对于俄勒冈州波特兰大厦（Portland Building）的研究草图；画面展现的变化和复杂性比建成的最终设计稿更加丰富（见第253页）。罗伯特·斯特恩是一位对建筑历史极为精通的建筑师，在他的早期作品中，将古典主义推入前景。大约在1980年他为一座展览建筑而绘制的设计图中，展现了在画好的立面上添加进行设计变形的希腊神庙立面照片拼贴，最终呈现的大胆立面中还带有闹着玩的一群舞蹈爱好者（见第263页）。

在20世纪末计算机辅助设计（CAD）的快速发展为建筑设计和表现引入了新的灵活性、复杂性和创新性。现在，技术加上一只人类的手的帮助，产生出先前看不见的多种视角（见第295页）。建筑师纷纷购买最先进的硬件和软件程序，创造出自己的应用系统，以电子方式存储图像。但是，最终，设计的呈现和传播仍然是采用将图像付印在最古老的绘画载体——纸张——上。建筑师仅仅是获得了新的绘图工具。

詹姆斯·斯特林在伦敦格罗斯特大厦合伙人事务所办公室，1986年
斯特林正在把一小片描图纸覆盖在一张大幅面建筑画上，准备进行细部描图。他的一盒彩色铅笔打开着，放在索耐特（Thonet）曲木椅子上，身后的墙面上密密地挂满了过去项目的建筑画。描图是斯特林最喜爱的技术，以此将设计简化到精华（见第232-33页）。

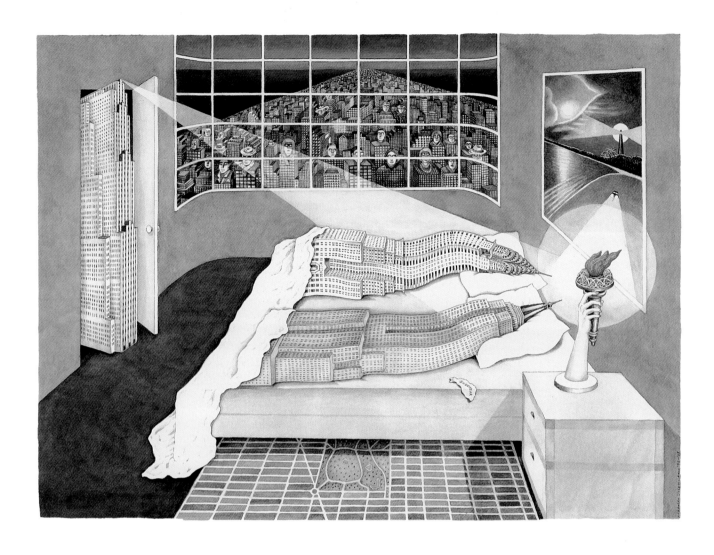

玛德龙·弗利森多普（Madelon Vriesendorp）（生于 1945 年）

"捉奸在床"（*Flagrant Délit*），1975-2008 年

钢笔和彩色渲染

在这一幕中，克莱斯勒大楼和帝国大厦完全笼罩在洛克菲勒中心探照灯的光芒中。固特异飞艇（Goodyear Blimp）像性交后的安全套疲软地耷拉在床沿。人格化的纽约天际线从窗外瞪着眼睛，见证了床上的这一幕。床边放置的台灯是自由女神高举的火炬，床前地毯图案是曼哈顿街道平面，交界处是中央公园。这是玛德龙·弗利森多普的一幅著名

水彩画 2008 年的最新版本。其 1975 年几乎一模一样的第一个版本，绘制在弗利森多普的丈夫雷姆·库哈斯（Rem Koolhaas）的著作《癫狂的纽约》（*Delirious New York*）封面上。画面总结了这本具有高度影响力的书的内容，是对这座现代化城市的轻浮的、然而却具有批评性的以求真义所在。

吉奥·庞蒂（Gio Ponti）（1891-1979 年）

瑞兴百货商店（Shui-Hing Department Store），中国香港。立面研究草图，1976 年

铅笔、钢笔，加上彩色纸和胶带

两个孤单的幽灵从窗户里瞪着眼睛，暗示着吉奥·庞蒂对一座百货商店立面的修改方案中，可开启的窗户很少。这个项目结果成为他最后一批委托任务之一，在此他接受的委托是重新设计俯瞰大街的最上面四层楼。他的方案是在立面上覆盖瓷砖马赛克。在这张研究草图中，他极为仔细地剪下来 200 多片小方块纸片，每一片代表一块瓷砖，然后贴在一张大纸上，常常用胶带粘贴。他以钢笔绘制大部分阴影，然后再与一大堆彩色纸片混合起来。

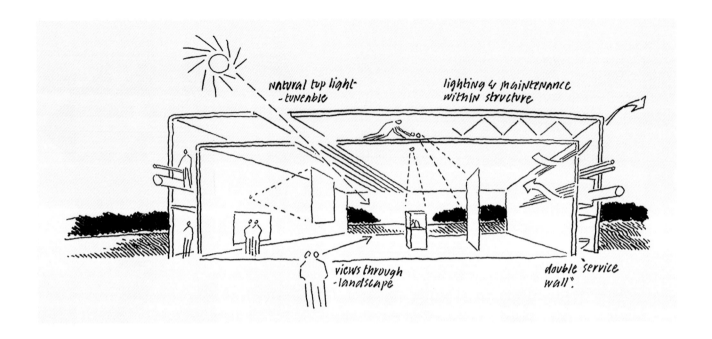

natural top light
-tuneable

lighting & maintenance
within structure

views through
-landscape

double service
wall".

诺曼·福斯特（Norman Foster）（生于 1935 年）

塞恩斯伯里视觉艺术中心（Sainsbury Centre for Visual Arts），英格兰诺维奇。剖面图，大约 1976 年

钢笔画

在这幅为东英吉利大学（University of East Anglia）艺术列馆——塞恩斯伯里艺术中心——而做的说明性草图中，福斯特选取了穿越这座高科技建筑单一空间的剖切面。代表着热和光线的箭头，穿过"服务墙体"（service wall）的双层表皮。顶棚空间里的人调节着采光，而参观者欣赏着穿透端头玻璃墙的宽广视野，俯瞰诺福克郡的乡村风光。

福斯特是一位多产的草图画家，是这类随性而为的说明性建筑画大师。出名的一件事是当福斯特参与位于法国尼姆的大型媒体中心设计竞赛时，在选拔委员会面前用小幅草图解释自己的设计方案，这群委员中包括该市市长；后来，市长说他看出福斯特以寥寥几笔铅笔草图就理解了他这座城市。最终福斯特赢得了设计委托。

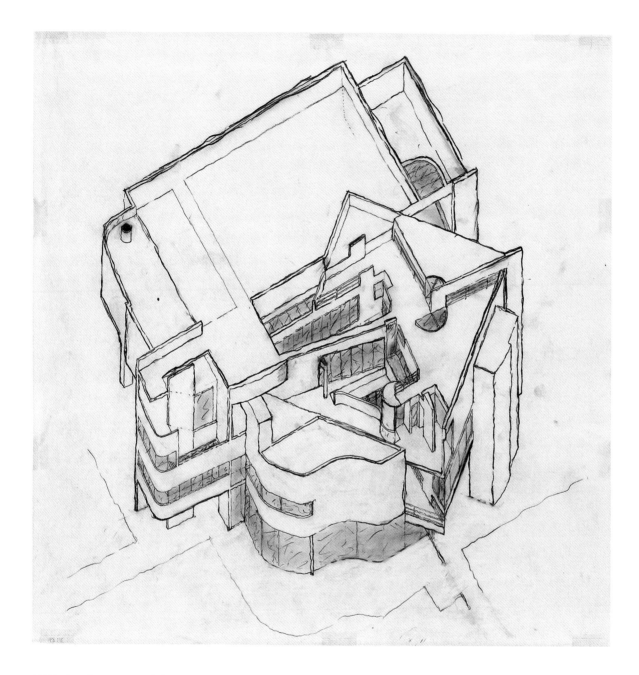

理查德·迈耶（Richard Meier）（生于1934年）

位于新哈莫尼的雅典文化馆（The Atheneum），美国印第安纳州。轴测图，大约1976年

描图纸上铅笔画

新哈莫尼市游客接待中心被称作雅典文化馆，矗立在这座城市历史居住区的古老果园里，于1979年建成开放。在这张铅笔草图中，理查德·迈耶绘制的轴测视角强调了变化的轴线和对体量的深度切割，这些手法使得雅典文化馆成为新兴的解构主义运动中的重要建筑。结构的碎片化成为一种手段，以获得更好的流通性和带有角度的视野，游客因此可以观赏窗外的乡村风光，瞥见古老的哈莫尼建筑。这些建筑在19世纪20年代罗伯特·欧文的乌托邦社区运动中幸存下来，保留至今。

阿尔多·罗西（Aldo Rossi）（1931-
1997年）

城市建筑项目（Urban Architecture
Project）。透视图，1976年

油彩笔、钢笔和毡头笔

阿尔多·罗西以饱和的大自然的蓝绿色调子，
用软性彩色粉笔描绘出居住在城市中的一幅
柔和的画面。罗西从来不是一位激进的建筑
师，而是一位原创建筑师，他以在一座浸润
了太多当代东西的现代化城市中保留历史形
式和价值观的观点而闻名。他的建筑画、理
论著作，甚至他为阿莱西（Alessi）公司创
作的、具有高度设计感的厨房用品，比起他

的建成作品来更具有影响力。在他的著作《城
市建筑学》（*The Architecture of the City*）（于
1966年第一次出版）——仍旧是城市研究
的标准读本——中，罗西谈到"城市整体结
构中的内在逻辑"，这种方法比战后时期毫
不妥协的现代主义更为接近文艺复兴时期的
人文主义。

SOM 事 务 所（Skidmore, Owings and Merrill）的戈登·邦夏（Gordon Bunshaft）（1909-1990 年）

国家商业银行（National Commercial Bank），沙特阿拉伯吉达市。立面图，1978 年

黄色描图纸上毡头笔和彩色铅笔

在戈登·邦夏绘制的这张精湛的设计图中，以巨大黑色矩形代表的七层高空中庭院中的绿树，暗示了这座将要建造在吉达市的沙特银行总部大楼的庞大尺度。石灰华墙面以简洁的线条表达了庞然的体量，使得庭院平台和地面层的人物形象变得极为渺小。描图纸的黄色随着岁月流逝而加深，增添了斑驳的裂痕，显得更偏黄，似乎使这座石材建筑在这片沙漠中心地带熠熠生辉。

莱昂·克里尔（Léon Krier）（生于
1946 年）

卡比托利欧广场上"罗马 停顿"
（Roma Interrota）项目，意大利罗马。
透视图，1977 年

钢笔、铅笔和剪贴印刷纸

莱昂·克里尔是参加于 1978 年开幕的"罗
马 停顿"（Roma Interrota）展览的 12 位具
有影响力的建筑师之一。这次展览在全世界
巡回展出，通过出版物《建筑设计外观》
（Architectural Design Profile，1979）而成
为广泛讨论的话题，激发人们对于后现代观
念应用于城市规划领域的兴趣。这个方案
基于从乔万尼·巴蒂斯塔·诺里（Giovanni
Battista Nolli）于 1748 年绘制的罗马平面图

而引发的创意。分配给克里尔的是这张具有
丰富画面的平面图右下角，供他进行诠释。
这部分的图与其说是地图，还不如说是插图，
描绘了卡彼托山的建筑，还有丘比特在画画、
测量和制作雕塑。在克里尔绘制的拼贴画中，
丘比特和一个镂空立面是所有米开朗琪罗设
计的建筑中仅仅留下的部分。克里尔设计的
新的论坛建筑比古代建筑更为具有纪念性和
雄伟。

罗布·克里尔（Rob Krier）（生于 1938 年）

里特大街居住开发项目(Ritterstrasse development)，德国柏林。平面、立面和轴测图，1977 年

两片纸板上钢笔、彩色蜡笔，加上拼贴

建筑师和城市规划师罗布·克里尔是莱昂·克里尔（Léon Krier）（见对页）的兄弟。他负责这片位于柏林克罗伊茨贝格行政区的居住开发项目总平面设计，其中将有 23 种面积相当大的居住单元，有些由克里尔设计，另外一些由其他建筑师设计。在这张画中，克里尔通过切掉一排公寓楼的屋顶对建筑做了手术，揭示出内部楼层平面。对角线布局

的许多种不同立面跨越了两片板组成的画面；它们从平面中投影出来，以轴测图形式表现，视角是从上往下看；左上角两个单元楼是从下往上看。立面图呈现在右下角。克里尔设想的流动城市是后现代主义的早期案例，摒弃了 20 世纪中叶现代主义公寓建筑的柯布西耶式格网，转向更为自由的构图形式，带有古典主义韵味。

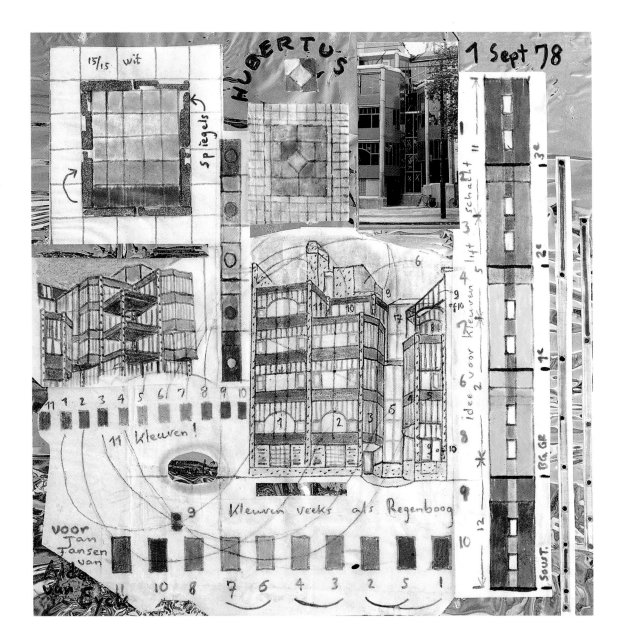

阿尔多·范·艾克（Aldo van Eyck）
（1918-1999 年）

Middenlaan 种植园大街胡贝图斯
单亲之家（Hubertus House），荷
兰阿姆斯特丹。外立面色彩研究，
1978 年

纸片上彩色铅笔、黑色和红色钢笔，
与照片拼贴，粘贴在斑纹纸上

"彩虹是我最喜欢的色彩，" 这是阿尔
多·范·艾克对于在胡贝图斯单亲之家外立
面上采用了不亚于 11 种颜色（以数字标记
在画面下方）所做的评论。这是一幢他设计
的旅舍，专门接待阿姆斯特丹单亲家长和他
们的孩子。随着这座建筑拆除脚手架，露出
灰色钢铁主体结构时，范·艾克绘制了这幅

画——一种剪贴研究草图集锦，粘贴在大理
石背纹纸上，产生愉悦视觉的效果。后来加
上去的是这座旅舍的正立面照片，就像这幅
色彩研究那样建成的。在左上角是一幅放大
的马赛克瓷砖细部，用于底层，作为装饰，
是一种采用镜面瓷砖作为框架的方形彩虹
（spiegels）。

莱昂哈德·拉宾（Leonhard Lapin）
（生于 1947 年）

"塔林新天际线"（*New Skyline of Tallinn*），爱沙尼亚，1978 年

纸板上水粉和粘性印刷聚合物片

当塔林学派（Tallinn School）建筑师在 1978 年组织了第一届展览（他们举办过两届重要展览，第二届于 1982 年举办，见第 271 页）时，苏维埃当局几乎要禁止展会进行，因为这些试验作品与他们所倡导的技术专家治国标准不符。这次展览中最引人瞩目和具有挑战性的建筑画之一，是由莱昂哈德·拉宾绘制的这幅展现重新设计的塔林天际线的作品。拉宾将这座城市中世纪塔楼轮廓线转变成由建筑街区和摩天楼组成，以红色表示的最高建筑达到 609 米。这些形状和色彩基于爱沙尼亚建筑师对于 20 世纪 20 年代俄国构成主义艺术家的兴趣；拉宾甚至与卡西米尔·马列维奇（Kasimir Malevich）的学生缔结友谊，马列维奇是一位至上主义画家，拉宾将他的名字插入在这幅表现天际线的建筑画上，就在右下角。同样引起争论的是这一叙事中体现的强烈的爱沙尼亚民族主义：例如，画面中出现了大写字母"EESTI"，这是爱沙尼亚语，意为"爱沙尼亚"，以及"琳达"（LINDA），她是爱沙尼亚以叙事诗表现的民间故事中悲剧性的女英雄。

吉·罗提耶（Guy Rottier）（生于
1922年）

暴君伊迪·阿明·达达（Idi Amin
DADA）**的靶子住宅**（Target
House）。平面图和立面图，1978年

水粉和钢笔画

吉·罗提耶对于建筑的玩笑方法总是入木三
分。罗提耶有着强烈的社会意识，他断言，
城市规划本质上就是一种政治驱动力量。他
对于强加在法属里维埃拉度假住宅设计上的
创新限制极为恼怒，曾经在巴黎的"家用艺
术展览会"（Salon des Arts Ménagers）上递
交了一个带有直升机叶片的小村舍模型，居
住在里面的度假者可以轻快地掠过一个又一
个地点，而不用承担任何风险。这幅画选自
其靶子住宅系列，这个系列有许多变化形式，

但是不变之处在于靶子插在地下住宅之上。
这是为"那些这个世界上的坏人、为那些压
迫其他人、使其沦为奴隶的人，为那些不尊
重人类的人、为那些偷窃、毁坏和屠杀的人"
而建的（吉·罗提耶，《非常建筑》—*Unusual
ArTchitechure*，1989）。这个设计是他分配给
当时极为野蛮的乌干达领导人伊迪·阿明·达
达（Idi Amin Dada）的。罗提耶乐意在这幅
作品标题中，将达达的姓氏以大写字母表示，
以强调这个人和这个方案的超现实特征。

马尔切洛·多利沃（Marcello D'Olivo）
（1921-1991 年）

无名战士纪念碑（Monument to the Unknown Soldier），伊拉克巴格达。
立面图，大约 1979 年

高分子膜上铅笔和毡头笔

无名战士纪念碑是巴格达这座多灾多难的城市的主要景点之一。这个在 1978 年由雕塑家哈利德·爱尔拉哈（Khalid al-Rahl）构想的设计委托，由伊拉克总统萨达姆·侯赛因转交给意大利建筑师马尔切洛·多利沃。直到那时多利沃主要是以在一系列别墅设计中和在家乡乌迪内海滨度假小镇利尼亚诺皮内塔规划中饶有兴味地运用了螺旋形和圆形而出名的。在多利沃为这个军事纪念碑设计而

绘制的建筑画中，表现太阳的红色球形暗示了整个设计中不断重复的圆形主题。这个构筑物是由一个升起的圆形平台组成，直径达 250 米，中心是椭圆形重达 550 吨的悬臂雨棚，像贝壳一样伸展开，罩住一个代表无名战士的雕塑。红色和绿色表现的是高耸的雕塑的螺旋形基座，这是多利沃对光塔的诠释，建成的时候以穆拉诺（Murano）玻璃板覆盖。

Fargo — Moorhead
cultural bridge
Graves
1978

迈克尔·格雷夫斯（Michael Graves）
（生于 1934 年）

法戈 - 摩尔海德文化中心展馆桥
（Fargo-Moorhead Cultural Center
Bridge），美国北达科他州法戈和
明尼苏达州摩尔海德。南立面图，
1978 年

黄色描图纸上铅笔和彩色蜡笔

在迈克尔·格雷夫斯绘制的这张展馆桥的设计方案画面中，湍急的红河水流淌在法戈和摩尔海德这两座姊妹城之间，沿着北达科他州和明尼苏达州之间的州界流向北方。假使建成的话，这座桥将成为一座横跨两岸文化中心侧翼之间的联结。在 20 世纪 70 年代晚期，这张精工细作的建筑画是一个系列作品

的一部分，是格雷夫斯最广为人知的作品之一，因采用超大尺度古典元素而成为后现代主义独具风格的导引。例如，位于中央的柱子，带有拱心石形状的窗户，就好像是从上方拱券上掉下来的，柱身是由流水构成的。

迈克尔·格雷夫斯（生于 1934 年）

波特兰大厦（Portland Building）立面研究，美国俄勒冈州波特兰。立面草图，1979 年

黄色描图纸上铅笔和彩色蜡笔

从 20 世纪 50 年代以降，带有玻璃立面的大型办公建筑，常常是平板而光亮的外表，成为国际式规范。许多历史学家和评论家将这座采用古典语汇、位于俄勒冈州的波特兰大厦，指称为现代主义在风格层面上从这一运动进入后现代主义时期的主要转折点之一。迈克尔·格雷夫斯创作了一系列铅笔建筑画，例如这张标明日期是 1979 年的作品，展现了采用大胆体量的建筑，显得热闹而夸张。这些画作比减少了装饰构件的建成作品更具有影响力，这座建筑于 1982 年开放。

扬·卡普利茨基（Jan Kaplický）
（1937-2009 年）

"直升机飞行员住宅"（*House for a Helicopter Pilot*）。透视图，1979 年

照片蒙太奇

这是正在着陆的阿波罗地球轨道站（Apollo Earth）吗？扬·卡普利茨基将宇宙飞船设计带入到住宅中。这不是幻想中的建筑，而是以具有可行性技术创新来设计的：一座适合于飞行员的住宅，结合了屋顶直升机停机坪、着陆支架和太阳能收集器。卡普利茨基是一位杰出的绘图大师，尤其擅长准确的、工程化的黑白线描图；这幅画中的住宅是一个他添加上色的粘性薄膜的小幅画作，然后置于照片背景中的例子。这也是他在自己新成立的公司——未来体系（Future Systems）——设计的最早一批项目之一。之前他与高科技建筑的古鲁理查德·罗杰斯（Richard Rogers）和诺曼·福斯特一起工作了多年。随后，在 20 世纪 80 年代早期，卡普利茨基成为美国航空航天局顾问，在航天飞机计划中对各个组件进行构想设计，后来阿曼达·莱维特（Amanda Levete）加入这一行列。他们创作了一系列太空时代建筑，包括位于英格兰伯明翰的塞尔福里奇百货商店（Selfridges Department Store）。

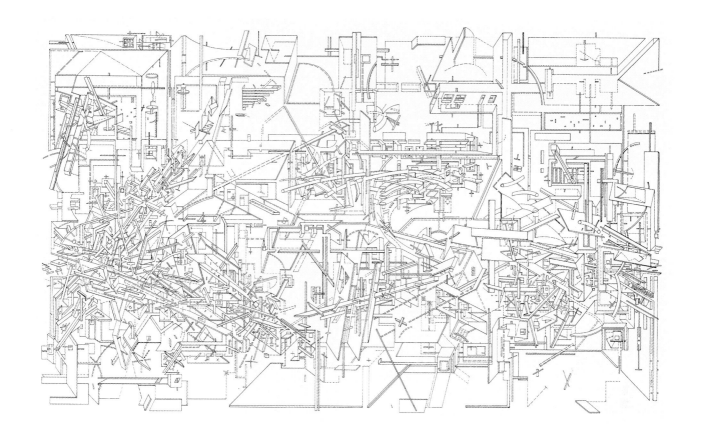

丹尼尔·里伯斯金（Daniel Libeskind）
（生于 1946 年）

"舞蹈声音"（*Dance Sounds*），
选自米克罗梅加斯方案（Micromegas
Project），1979 年

丝网印刷品

"舞蹈声音"选自米克罗梅加斯方案中的一套建筑画，由丹尼尔·里伯斯金绘制，随后制作成丝网印刷品，并限定了只有 30 套的发行量。这些建筑画采用类似的线条密度和透视角度，是这位建筑师对结构几何形式探索的一部分。这幅画中的形式都追随建筑画技术的常规（例如，透视，房间组件）；然而真正要呈现什么，这一点也是抽象的，因此，可以假定，里伯斯金也这样说，"符号的特性"是向诠释敞开的。

这些建筑画的绘制时间是在里伯斯金获得重要设计委托之前，例如柏林犹太人博物馆。人们常常评论说，这些画作强烈地暗示着他后来的建成作品所体现的复杂的解构主义性质。

尼尔斯-奥勒·兰德（Nils-Ole Lund）
（生于1930年）
"岩石上的摩天楼"（*Skyscraper on the Rocks*），1979年
拼贴画

这幅画所呈现的忧郁的机智，既表现在标题上，也表现在拼贴出来的画面本身。一座当代摩天楼淹没在一杯烈酒中，背景是一幅表现正在枯萎的花朵的荷兰文艺复兴风格绘画。荷兰建筑师尼尔斯-奥勒·兰德创作了上千幅拼贴画，以此对当代建筑学现状进行评论。在日本出版物《A & U》（1992年3月刊）中引用了他的话语，"拼贴画能够呈现我们的职业所特有的乌托邦，及其实际职业手段和可能性之间的距离，更有甚者，你可以通过拼贴画来解析建筑学趋势和倾向，组成拼贴的那些图像，比写成文字的语言更贴近真实的建筑学。"

斯坦利·泰格曼（Stanley Tigerman）
（生于 1930 年）

建筑卡通（Architoon），1979 年

钢笔和彩色毡头笔

斯坦利·泰格曼绘制了无数他称之为"建筑卡通"（Architoon）——关于建筑的卡通建筑画。在这幅建筑卡通画中，泰格曼取笑了建筑学持续沉迷于古典传统。在地中海太阳粉色和黄色的光晕中，他组合了一个漫画大杂烩：列奥纳多·达·芬奇绘制的、手脚伸展的维特鲁威著作中的人体，一个像威廉·布

莱克（William Blake）[1]一样的人正在测量一座巴洛克教堂的平面，君士坦丁大帝雕像中著名的、巨大的脚。泰格曼对于古希腊观念中强调理性胜于神话般的过去感到不安，他相信这种分裂常常导致建筑师忽略了充满想象力的解决方案。

---

[1] 英国诗人、画家，浪漫主义文学代表人物之一。——译者注。

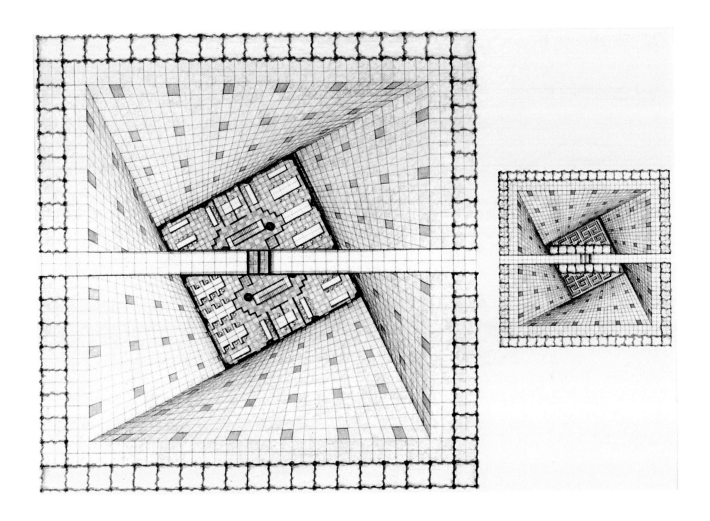

斯坦利·泰格曼 (Stanley Tigerman)
（生于 1930 年）

位于布吕尔的 DOM 公司总部大厦
（DOM Headquarters），德国科隆
附近。办公楼层和屋顶花园平面图，
1980 年

铅笔和彩色蜡笔

顾名思义，平面图就是一个水平的平面，是平坦的、二维的。但是，在这幅画中，在斯坦利·泰格曼的手中，一座办公建筑的办公楼层平面图（左）和屋顶平面图（右）转变为两个旋转着的三维漩涡。看图的人就像爱丽丝一样翻滚着跌下兔子先生的洞里。提交方案中的七层塔楼就是中央的方块，在办公楼层平面中是蓝色，在小一些的屋顶平面中是绿色的花园，平面图以对角线方向放置在

画面中，位于粉色铺地的中央，铺地图案呈放射状延伸到边缘的一圈凉棚。实际上，这座建筑由两座塔楼组成，由水平方向的间隙分开，这个间隙也穿越两幅画面的中央，仅由两个红色矩形的电梯井连接起来。

　　这张画是为参加 DOM 制锁公司大厦设计竞赛而绘制的，但是这家公司没有将建造新总部大厦的工作继续下去。

A HOUSE ON LONG ISLAND SOUND · SECTION A-A

斯蒂文·伊泽诺（Steven Izenour）
（1940-2001年）

位于石溪的伊泽诺住宅（Izenour House），美国康涅狄格州布兰福德。
剖切面透视图，1980年

吸水纸上钢笔、彩色蜡笔和彩色照片

斯蒂文·伊泽诺喜欢将为父母设计的住宅叫做"父亲住宅"，这是对于罗伯特·文丘里为自己母亲设计的著名"母亲住宅"（见第194页）的玩笑应对。伊泽诺是文丘里·斯科特·布朗及合伙人事务所（Venturi Scott Brown and Associates）主要领导人，并且在1972年与文丘里和丹尼斯·斯科特·布朗共同撰写了《向拉斯维加斯学习》（Learning

from Las Vegas），这是一本对20世纪晚期建筑理论具有深远影响的书。伊泽诺的设计从风格上向"母亲住宅"致敬，最明显的是超大尺度的山墙面。在这幅画中，伊泽诺将立面移开，露出带有大型落地窗的起居室，从窗户视线穿越独具风格的柱子，可以俯瞰长岛海湾（的照片）。

赫尔穆特·扬（Helmut Jahn）（生于1940年）

伊利诺伊州中心大厦（也称作詹姆斯·汤普森中心（James R. Thompson Center）），美国芝加哥。

轴测图，1980年7月14日

描图纸上彩色钢笔和彩色铅笔

在创作一幅建筑画当中的两个主要动力，在这幅由赫尔穆特·扬绘制的作品中极为绚丽地交融在一起：视角和技巧。在这之上，还可以感受到扬对于色彩的精美运用。这幅画采用轴测视角，但是有一个拧转，这不仅表现在这座芝加哥建筑17层高的中庭的螺旋形运动感上，而且表现两幅轴测图的展现上：纸张上部的一幅画背景是三条蓝色色带（代表天空），采取的是向上看的视角，下部的一幅画背景是四条从紫色到红色的色带（代表地面），采取的是向下看的视角。画面的技巧部分是线条，没有用阴影，方案的基座部分采用红色钢笔画出简洁的轮廓，建筑主体采用黄色铅笔打出格子来表现；然后扬采用不同色调的彩色铅笔以极为克制的波纹线填充背景。

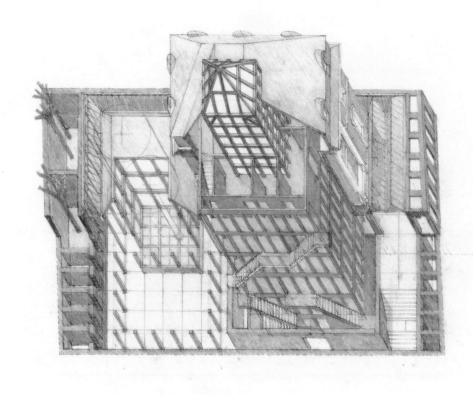

1.1.80 O.M.UNGERS

奥斯瓦尔德·马蒂亚斯·安格斯
（Oswald Mathias Ungers）（1926-
2007 年）

德国建筑博物馆，德国缅因河畔法兰
克福。轴测图，1980 年 1 月 1 日

描图纸上铅笔和彩色铅笔

O·M·安格斯（O. M. Ungers）喜爱在构成
体系中运用方形、立方体和直角，他认为这
种体系流露出对于他设计的建筑的古典主义
理解。在这张精美的铅笔画中，格网的和谐
是显而易见的，这是他在将位于法兰克福的
一座别墅转变为德国重要的建筑博物馆方案
设计中的早期建筑画。这是一张充满戏剧性
的轴测图，别墅外墙被部分地剥开，露出骨
架一样的室内墙体，在低矮的花园这一侧，
露出框架结构的柱子，将来这个部分会成为
展厅。由于矩形开口的模式不断重复，就像
是室内的窗户，这座博物馆建筑常常被叫做
"房中房"（a house within a house）。

基耶尔默·佩雷斯·比利亚尔塔
（Guillermo Pérez Villalta）（生于
1948 年）
"爱奥尼克柱式"（*Orden
Jonilistico*）。立面图，1980 年 9 月
铅笔和彩色渲染

在 20 世纪 80 年代早期，西班牙艺术家基耶尔默·佩雷斯·比利亚尔塔创作了一系列自己发明的建筑柱式绘画。尽管比利亚尔塔将所受的建筑学训练抛在身后而成为了一名画家，但是他受到前几代受过古典训练的建筑师色彩鲜艳的柱式设计所启发，将之进行

自己的诠释，他称之为"讽刺的姿态"（an ironic posture）。比利亚尔塔认为古代建筑的古典主义所呈现的纯粹性和功能主义，已经发展成一种装饰性运用，因此在他的设计中，决意纵情于这种练习中几何形状与色彩的享受。

罗伯特·A·M·斯特恩（Robert A. M. Stern）（生于 1939 年）

1980 年 国 际 设 计 展（Forum Design）中的"现代主义之后的现代建 筑 "（Modern Architecture after Modernism）展馆，奥地利林茨。立面图，大约 1980 年

钢笔、彩色铅笔和印刷纸照片拼贴

当设计界祖师爷雷蒙德·罗维为在林茨举办的 1980 年国际设计展揭幕时，他指着一批由重要后现代主义建筑师设计的小型展馆，称此次展览为"80 年代的包豪斯"（the Bauhaus of the Eighties），暗示了他认为这次论坛所展现的、设计界发生根本转变的重要意义。罗伯特·斯特恩将他设计的木结构神庙命名为"现代主义之后的现代建筑"，

表明他认为其古典主义设计不是反现代的，而是这一运动宽泛范围中的一部分。在这张设计图中，斯特恩展现了多种颜色的希腊神庙正立面如何将陶立克柱子变成空洞，这是通过描绘三人一组的少女穿越空的轮廓线跳舞而实现的。展馆中所展示的建筑师肖像就像当代众神一样，被放置在雕带的柱间壁上，其中包括斯特恩自己，就在最左边。

阿瑟·戴森（Arthur Dyson）（生于
1940 年）

洛杉矶凡奈斯的卡尔森住宅（Carlson
House），美国加利福尼亚州。透视图，
1981 年

彩色钢笔和彩色铅笔

一根长长的线状螺丝钉，将这座设计方案中
的住宅锚固在俯瞰着洛杉矶市的圣莫妮卡
山脉崎岖北坡上险峻的位置。两个混凝土平
台，容纳了主要的起居区域，突出在空中。
阿瑟·戴森先以彩色铅笔绘制了这张设计图，
然后他的年轻助手博贝克·伊马德（Boback
Emad）将一些图面蒙起来，用喷枪喷上蓝
色墨水，主要是喷出长长的带状，以强调这

块陡峭基地的垂直感，以及住宅和墙体下部，
使得这座建筑有支撑的基础。"这首抒情诗
一样的伸展形式，以横跨山脊的方式坐落着，
像花朵一样的保持平衡，"这位建筑师这样
写（给本书作者）道，这也是戴森信仰的表达，
即自然与设计的结合，他在为弗兰克·劳埃
德·赖特和布鲁斯·高夫（见第 70 页和 159 页）
做学徒时就获得了这样的理念。

查尔斯·摩尔（Charles Moore）
（1925-1993 年）

萨格斯大街 5 号，德国美因河畔法兰克福。透视图（反过来的），1981 年

黄色描图纸上铅笔和彩色蜡笔

过画在反面，也就是纸张的背面，查尔斯·摩尔探索了描图纸的透明性。这样，正确的视角是通过纸张正面来看的。换句话说，就像在这本书中复制的一样，他画的是一张镜像图像。然后，摩尔写的作品标题、签名和日期都是在正面的。透过这张透明纸的正面来看，就像有意要被看的方式一样，画面的效果是有一点模糊的，将彩色铅笔的色彩柔化了、混合了。这座住宅设计采用不对称形式，并带有一段陡峭的梯段，建造在法兰克福老街区。这个地区曾经在战争中遭受密集的轰炸。摩尔设计的住宅位于沿着一条小街的一组住宅之中，呈现出后现代城市干预的缩影。

Highrise of Homes

SITE GGGW-SUE

詹姆斯·瓦恩斯（James Wines）（生于 1932 年）

"住宅组成的高层建筑"（*Highrise of Homes*）。透视图，1981 年

钢笔画

什么时候"理论"设计能够跨越门槛成为提供实际解决方案的设计呢？乍一看，这张钢笔画似乎仅仅是有趣的，呈现了一个个五花八门的房子整齐地码在架子上的画面。然而，这是一个由詹姆斯·瓦恩斯提出的似乎可信的方案，他是纽约执业事务所"环境雕塑事务所"（Sculpture in the Environment - SITE）创始人。这是为在人口稠密的城区建设住房而设计的。瓦恩斯

没有以常规方式填充这个典型的钢和混凝土建筑框架，设计出标准高层建筑，充斥着规格化的公寓和平淡无味的立面；而是为住户提供了选择，可以在这个框架中买一块地，建造一个自己的房子，带一个花园。通过要求开发商在某些楼层提供室内街道、商店和办公区域，瓦恩斯暗示了这个社区如何能够呈现出村庄的氛围。

弗兰克·O·盖里（Frank O. Gehry）
（生于 1929 年）

屋村住宅（tract house）研究。透视
草图，1982 年

棕色钢笔和彩色蜡笔

弗兰克·盖里受到一家画廊邀请，为一次屋
村——相似类型的排屋——住房开发展览
提交设计作品，创作了一系列建筑画，破除
了由像人像拼图一样的方盒子组成的传统设
计。在这个方案中，他提出的是一簇簇小型
建筑，以不同形状、大小和色彩形成多样化
的混合。效果就像是一个由"物体和粉刷墙

面"（objects & painted walls）组成的村庄，
正如他在纸张底部标注的那样。尽管展览没
有举办，但是这个设计习作对于盖里发展出
由各个单体单元组成的私人住宅设计具有重
要作用。他最著名的作品是位于加利福尼
亚州布伦特伍德的施纳贝尔住宅（Schnabel
House），就是由四个单体建筑组成的。

休伯特·赫尔曼（Hubert Hermann）（生于1955年）和弗朗索瓦·瓦伦蒂尼（François Valentiny）（生于1953年）

鲁珀特住宅（Ruppert House），卢森堡申根。立面、平面、剖面和草图，1981-1983年

拼贴画

休伯特·赫尔曼和弗朗索瓦·瓦伦蒂尼一起在维也纳应用艺术大学（University of Applied Arts）就读，之后在1980年成立建筑合伙人公司。特别之处在于，他们在各自的祖国成立了事务所，都非常成功：赫尔曼在卢森堡，而瓦伦蒂尼在奥地利。建筑画就是他们的交流工具。据说从他们学生时代开始，就没有人能够区分二人的绘画风格。这张以拼贴画表现的是一座仓房的改造设计。在这个时期，赫尔曼的建筑师同胞莱昂·克里尔（见第246页）的后现代主义绘画风格

影响尤为强烈。天空被涂成莫泽尔河谷等高线图，将这座小巧的古典主义神庙建造地点定位于葡萄园坡地上。透视图表现了粗糙的石墙，立面完全剥光，露出室内，包括上部的起居空间和下部的地下室。在支撑着舷窗的山墙下面，固定着一幅建筑画，展现了平面图。一个古典时期绘画中的裸体人物拿着的圆盘，表现了建筑剖面图，而在右下角，布满岩石的地壳像纸片一样卷曲起来，露出了总平面图，上面写着对这个方案的描述。

莱昂·克里尔（Léon Krier）（生于 1946 年）

"劳伦提安别墅方案"（Project for Laurentine Villa）（小普林尼[1]别墅（Pliny the Younger's villa）），意大利劳伦托姆（Laurentum）。透视图，1982 年

彩色铅笔画

小普林尼在一封写于公元 1 世纪的信中，详细描绘了他所深爱的、位于罗马附近的海滨别墅的布局和构造，现在这座别墅已经消失良久。在 1981 年，莱昂·克里尔成为 12 位受邀创作普林尼的劳伦提安别墅复原设计的建筑师之一。这可不是一个不寻常的学术习作，因为普林尼所描绘的细节，使建筑师的想象力能够自由地推测。克里尔所做的后现代主义诠释是由一位透视艺术家绘制出来的，就像故事书插图一样充满吸引力：别墅由一组建筑组成，戏剧性地位于一处海角，背景是地中海大海和天空的蔚蓝色。

---

[1] "小普林尼"（约公元 61- 公元 112 年，罗马议员、作家，老普林尼的侄子），以其讨论公共和私人事务的书信集而著名。——译者注。

亨宁·拉森（Henning Larsen）（生于 1925 年）

丹麦外交部大楼（Danish Ministry of Foreign Affairs），沙特阿拉伯利雅得。**穿越花园的庭院视图，大约 1982 年**

印刷品上加彩色蜡笔和箔片

亨宁·拉森设计的、位于利雅得的丹麦外交部大楼，是一座大型现代化办公楼，可容纳1000 名员工，配备的设施包括祈祷室、宴会厅、图书馆和礼堂。在这幅画中，建筑师强调了这座建筑在风格上与阿拉伯国家乡土建筑的联系。画面表现的是这座雄伟的外交部大楼的室内庭院，显得私密而安静，带有本土住宅和花园的意味。像华夫饼干肌理的墙体断面，表现的是装有板条的木格栅。在纸上添加的箔片闪闪发光，代表传统庭院中水池里的水，通过一条水渠引入庭院中。

托马斯·赖因（Toomas Rein）（生于1940年）

萨阿达夫（Saadärve）集体农庄行政管理和文化综合楼，爱沙尼亚塔尔图附近。鸟瞰图，1982年

纸板上丙烯颜料

在20世纪70年代，一群激进建筑师走到一起，组成塔林学派（Tallinn School），托马斯·赖因是其中重要一员。他为该组织在1982年举办的第二届大型展览专门绘制了这幅建筑画。赖因挑战了苏维埃爱沙尼亚建筑工业的平凡和陈腐，因其采用廉价的标准化建造方式，在官僚主义制度中陷入困境；

他以这幅表现强烈的丙烯画敦促应当将建筑视作艺术。这幅以鸟瞰视角描绘的画面，是赖因设计的一座大型"V"形建筑，中间被一抹红色"T"形庭院和公共出入口横切出一个缺口。这幅画取自该建筑师的一幅钢笔草图，厚重的颜料将造型升起，呈现出三维空间。

皮耶特·布洛姆（Piet Blom）（1934-1999 年）

"立方体住宅"（Cube houses），荷兰海尔蒙德。透视图，1983 年

纸上剪贴印刷纸、彩色蜡笔和油画颜料，裱在板上

画面呈现的像一个弄皱的球，这是位于荷兰南部小城市海尔蒙德的、屋顶奇特的立方体住宅（kubeswoningen）。在 20 世纪 70 年代，建筑师皮耶特·布洛姆建造了两组这种角度非常令人困惑的住宅，分别在海尔蒙德和鹿特丹。这些簇拥在一起的、立在柱子上的立方体，造型极为罕见——住宅以与水平面呈45°角倾斜，升高并支撑在六边形柱台上，因而常常被称作"树屋"。这幅画是在设计项目已经竣工后绘制的。在画面中，呈现多方向的屋顶容纳了各个房间，看上去是扭曲的，令人困惑；然而，事实上，这是一个真实的透视表现图，展现了设计中令人感到愉悦的混乱感。下部墙体是砖砌的，绿色是盖瓦，黄色和白色是彩色金属屋面板。

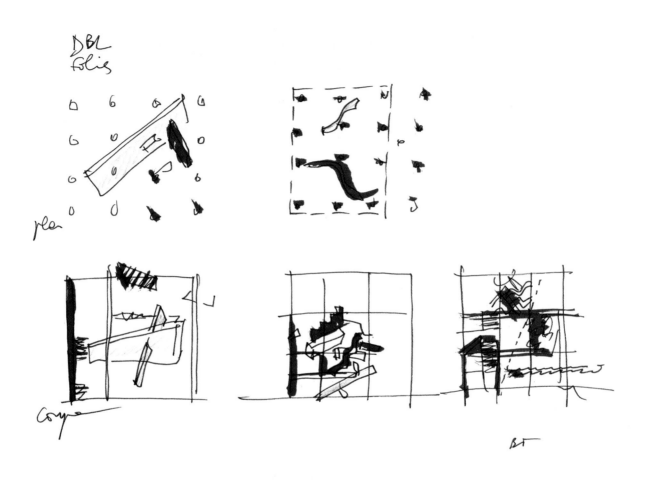

伯纳德·屈米（Bernard Tschumi）（生于 1944 年）

拉维莱特公园，法国巴黎。各个小型建筑的平面和剖面草图，1983 年

黑色和红色钢笔，绿色蜡笔

在 1982 年，伯纳德·屈米赢得了在巴黎北部建造一座占地 55 英亩的城市公园设计竞赛，这块场地原来是该市屠宰场。屈米的设计独具的特征是这些小建筑，由 26 个漆成红色的钢铁结构组成；它们以严谨的网格布局在整个公园里，间距均等地分布。在这张早期草图中，建筑师展示了每一座小建筑如何依据同样的模式建造，即 4×4 框架组成

的立方体（边长 10.8 米宽），在画面的上部两张平面图中以点来呈现，在下部的三张剖面图中以线条来表示。然而，屈米有意安排对每一座结构进行解构，这样，每个构筑物彼此都不同，就像这张草图中的五个例子所展现的那样。正如设计意图那样，这些小建筑中有的没有任何功能，而仅仅是雕塑，有些则成为休闲娱乐建筑，例如餐馆和画廊。

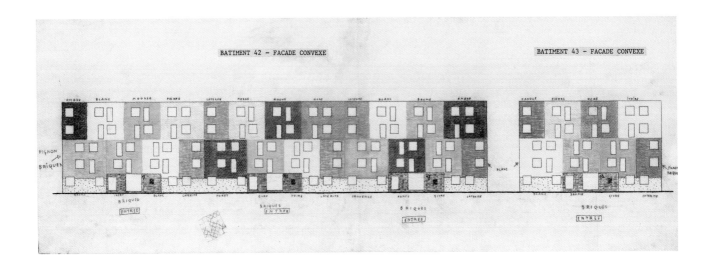

埃米尔·阿约（Émile Aillaud）（1902-1988 年）

大界石（La Grande Borne）行政区改造，法国格里尼。立面图，展现对住宅立面的色彩研究，大约 1983 年

描图纸上铅笔和彩色铅笔，加上印刷标签

在 20 世纪 80 年代早期，建筑师埃米尔·阿约又回头对 20 年前设计的、位于格里尼小镇的容纳 3800 户的大型住宅区进行翻新改造。他的目的是利用色彩使立面活跃起来，进一步强调每个单元歪歪扭扭的窗户所建立的独特性。他与艺术家法比奥·里埃蒂（Fabio Rieti）合作，后者以在建筑墙面上绘制大型错视壁画而著名。阿约的建筑画展现了设计方案中的彩色方形和长方形，为游戏般的窗户布局设定景框。两个印花标签标明了第 42 号和 43 号"建筑"（batiment），并指出"凸起的立面"（façade convexe）；整个居住区以蜿蜒的蛇形布局，一排排的房子凹凸有致。想象一下这个色彩斑斓的立面弯弯曲曲地向你游动而来。

扎哈·哈迪德（Zaha Hadid）（生于
1950年）

九龙山顶俱乐部方案设计（The Peak
Project），中国香港。鸟瞰图，
1983年

帆布上丙烯颜料

扎哈·哈迪德以将想象的建筑画出来而出名。在建筑学的历史上几乎没有建筑师利用油画颜料这种媒介，或者其现代替代品——丙烯颜料，来表现建筑理念。哈迪德在20世纪70年代还是一名学生时，就发现了俄国革命时期先锋派艺术家和建筑师，尤其是艺术家卡西米尔·马列维奇的抽象派作品。结果是，她开始以新构成主义风格绘制建筑设计方案，她采用的鸟瞰视角半抽象画，用她自己的话

来说，给与其更多的空间创造性。在她的职业生涯早年，于1983年赢得位于香港山顶运动俱乐部和水疗中心设计竞赛。画面通过建筑群体传递了岩石的波动感，不仅仅因为这种建筑破碎而高耸的形式如此独特，也因为这张建筑表现图如此完美地反映了设计方案。哈迪德将建筑表现转换到了一个令人兴奋的新方向。

莉娜·博·巴迪（Lina Bo Bardi）
（1914-1992 年）

蓬佩亚休闲娱乐综合楼（Pompéia
Leisure Complex），巴西圣保罗。
健身房中的"快乐小吃吧"（happy
snack bar）草图，1984 年 10 月
21 日
钢笔、铅笔、彩色铅笔和彩色渲染

莉娜·博·巴迪绘制的儿童风格的建筑画，
捕捉住了她设计的社区休闲中心的乐趣和愉
悦。在这张透视图中间，建筑师布置了环形
小吃吧台，带有固定的混凝土凳子，表面抛
光处理，正如图中说明所指出的。在房间边
缘，社区成员在长椅上休闲放松，背景是漆
成绿色的条带，博·巴迪将之想象为模仿足

球场。这个项目将圣保罗蓬佩亚地区一座大
型工厂综合楼，转变为一座多功能建筑，带
有剧院、体育馆、游泳池、图书馆、餐厅、
画廊和工作室，这是第一个展现了基于社区
的、和由文化引领的城市再生可能性的大型
设计案例。

朱利安·比克内尔（Julian Bicknell）
（生于 1945 年）

麦克莱斯菲尔德附近的亨伯里圆厅建
筑（Henbury Rotunda），英格兰柴郡。
立面图，1984 年

描图纸上钢笔画

朱利安·比克内尔设计的亨伯里圆厅建筑，
是 20 世纪建造的帕拉迪奥复兴式建筑最纯
粹的实例之一———至少是从外表上。在室
内，这座住宅以所有的现代化生活设备而自
豪，正如人们可以预期的、当业主是电子学
继承人塞巴斯蒂安·德费兰迪法（Sebastian
de Ferranti）时这座住宅的样子。这张亨伯
里圆厅建筑画风格非常近似地取自于 18 世
纪早期英国建筑著作中的图版，尤其是科
林·坎贝尔（Colin Campbell）的《威特鲁
维与不列颠》（*Vitruvius Britannicus*）。这

幅画是由比克内尔事务所一位刚入职的毕
业生马丁·赫尔曼（Martin Herman）绘
制，与坎贝尔在论著中为肯特郡梅瑞沃斯
府邸（Mereworth Castle）乡村住宅的立面
设计非常接近，尽管有些变化。而坎贝尔
的建筑画源自安德烈亚·帕拉第奥（Andrea
Palladio）设计的圆厅别墅木刻画，发表在
他 1750 年的著作《建筑四书》（*l quattro
libri dell'architettura*）中。因此，这张亨伯
里圆厅的建筑画宣称其谱系源自文艺复兴
血统。

277

亚里山大·布罗德斯基（Alexander Brodsky)(生于1955年)和伊里亚·乌特金（Ilya Utkin)（生于1955年）

"镇之桥"（*Town Bridge*），1984年

蚀刻版画（制作于1990年）

一个男人带着狗注视着一座想象中的小镇，镇子跨越小河形成了拱桥。这张蚀刻版画的风格使人想起17世纪荷兰风景画，非常像伦勃朗的绘画。建筑师-艺术家亚里山大·布罗德斯基和伊里亚·乌特金以一反常态的幽默，在历史传统的氛围中创作了这幅寓言画，这是为1984年在巴黎由联合国教科文组织举办的题为"明日的居住"（A Dwelling for Tomorrow）展览而绘制的。蚀刻版本可以追溯到1990年，当时制作了30张。布罗德斯基和乌特金在建筑学生时代就在莫斯科相识，他们在苏维埃时代晚期以重要的"纸上建筑师"（paper architects）而闻名，当时建筑工业已停滞不前。

帕诺斯·库勒莫斯（Panos Koulermos）
（1933-1999 年）

古根海姆博物馆，意大利威尼斯。为
扩建而作的立面图，1984 年 12 月
20 日

铅笔和彩色蜡笔，加上划线

威尼斯 18 世纪的韦尼耶·奥莱尼宫（Palazzo Venier dei Leoni）仅仅建成了一层，留下由窗户和壁柱组成的、简单的粗面石工墙体，俯瞰着大运河。佩吉·古根海姆（Peggy Guggenheim）在 1949 年买下的就是这样的一座大官殿，如今也仍然是这个样子，作为博物馆容纳其艺术收藏品。然而，在 1983 年至 1985 年间，希腊族塞浦路斯建筑师帕诺斯·库勒莫斯发展了一个扩建方案，对这座建筑的

大部分进行扩建，如果说并不是真正取而代之的话。这张以柔和的色彩绘制的蜡笔画是一张立面图，写着 "20/XII/84"（1984 年 12 月 20 日）的日期。滨水墙体保留下来，增加了一个新的中央庭院和一系列塔楼，这位建筑师说，塔楼就像花园中的喷泉一样高高升起。库勒莫斯在棕色蜡笔的部分划线，表明伊斯特里安（Isterian）石块的划分，窗户的蓝色蜡笔部分的划分表示玻璃块面分割。

哥特佛伊德·波姆 (Gottfried Böhm)
（生于 1920 年）

萨布吕肯宫 (Saarbrücken Palace)，
德国萨布吕肯。宴会厅顶棚视图，
1986 年 3 月

描图纸上彩色蜡笔

这幅画乍看上去显得令人迷惑，其实是一张非常直接明了的视图：哥特佛伊德·波姆使我们的视角产生于似乎是躺在地上，向上看这间他设计的、位于萨布吕肯重要的城堡中心的宏伟的房间顶棚。这座小巧的宫殿可以追溯到 18 世纪中叶，数世纪以来，由于战争和重建而受到严重损害。这个设计方案是波姆对于巴洛克风格温和而自由的诠释。纸张边缘是打成方格子的灰色蜡笔线条，左右两边代表两层高的外窗，上下部分是处理手法相似的室内墙体，今后将变成镜子，代表对这座宫殿的第一位建筑师弗里德里希·约阿希姆·施腾格尔（Friedrich Joachim Stengel）的致敬，其设计因拜访凡尔赛宫和宫内的镜厅而受到启发。红色、赭石色和灰色条带表示表面为钢材的框架以及油漆的装饰构件，使这张透视图展现出三维错觉的面向。

巴尔克里施纳·多什（Balkrishna V. Doshi）（生于 1927 年）

"概念设计"（*Concept*）：维迪亚德哈纳格尔区（Vidyadhar Nagar），印度斋浦尔。平面图和装饰图案，1986 年

丝网印刷品

在这张由 B·V·多什制作的丝网印刷绘画中，鲜艳的色彩和印度符号显得生动活泼。这幅画是该建筑师为斋浦尔郊区卫星城而作的设计方案的一部分，将现代图像与古老的印度概念相结合，以寻求印度新建筑和城市的范本。角部的装饰图案，尤其是顶部的太阳和月亮，展现了勒·柯布西耶建筑画风格的影响，多什于 20 世纪 50 年代在建造昌迪加尔时曾经为其工作过。沿着画面中央部分向下，

是多什设计的、维迪亚德哈纳格尔区几何形平面图；在其上面是两个坐着的人物，描绘了古老的"原人"（Vastu-Purusha）曼荼罗；由此产生这座城市布局的模板，以及这幅建筑画——九个矩形，其设计与宇宙和谐。进一步增添神圣力量的是绘制在下角处的构筑物，描绘的是斋浦尔几座著名的观象台，就是于 18 世纪早期根据这幅曼荼罗而布局建造的。

马西米尼亚诺·福克萨斯(Massimiliano
Fuksas)(生于 1944 年)

**市政厅,意大利卡西诺。透视图,
1986 年 4 月 20 日**

彩色钢笔和彩色粉笔

意大利城市卡西诺建于公元前 4 世纪,当时是罗马殖民地,在第二次世界大战中这座城市几乎被完全摧毁。马西米尼亚诺·福克萨斯是一位现代主义罗马建筑师,他传承了古罗马遗产,将 20 世纪 80 年代晚期接受的、为卡西诺市建造一座新市政厅的委托,看作一个设计庞大钢框架建筑的机遇。这座建筑带有受神庙启发的立面,以后现代方式与古典语汇共舞。在这幅画中,福克萨斯将设计中的市政厅立面图像,插入到一个变形金刚的胸膛。这是一种流行的机器人玩具,能够走动,变成像小汽车或大卡车这样的机器。这是一种对机器人和建筑物的适应特性的类比。福克萨斯认为,这种描绘尽管是吓人的,但是同时也是亲切而幽默的。

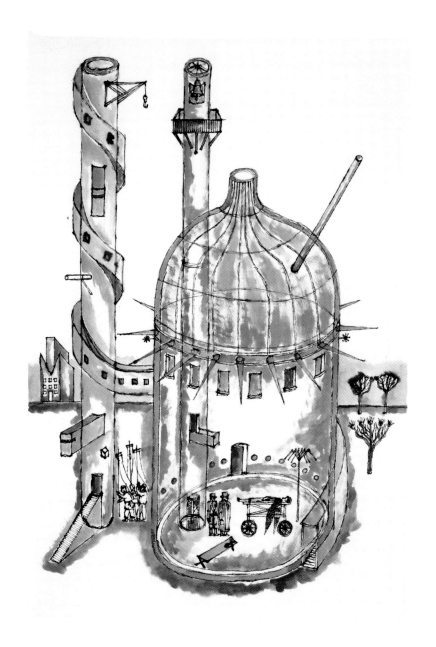

约翰·海杜克（John Hejduk）(1929-
2000 年）

"死去天使的教堂"（ *Chapel of the
Dead Angel* ），1986 年

毡头笔、水粉和彩色渲染

在一座教堂一样的建筑内，一个死去的天使被皮带绑着，躺在一个装有脚轮的台车（医院推送病人的轮床）上。教堂被一个管状钟塔所穿透，周边环绕着蓝色荆棘冠。这幅画取自约翰·海杜克绘制的博威萨系列（Bovisa series）。博威萨是米兰的工业化郊区，这位美国建筑师对此深感兴趣。在这幅画中可以看出这一兴趣所在：塔楼顶部是一个吊钩和起重机械，被绿色的传送用临时通道环绕着。海杜克在生命的最后 10 年中绘制的建筑画，越来越表现出不安的感觉，充满基督教象征符号和权威人物形象，例如警察和这幅画中穿着长外套的人。正如他所言："现在是时候画天使了。"

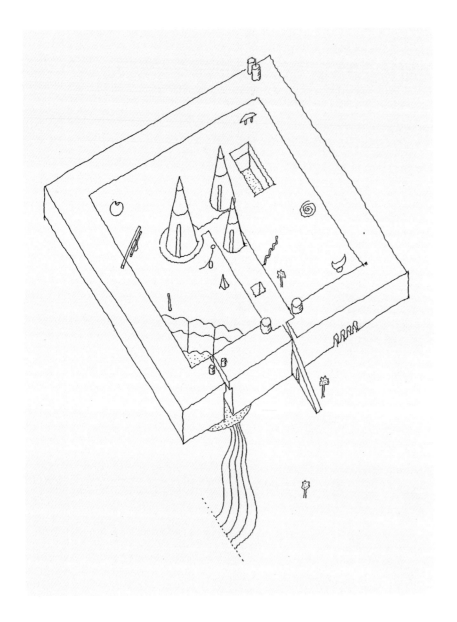

古斯塔夫·佩茨尔（Gustav Peichl）
（生于 1928 年）
德国联邦共和国文化艺术展览馆（Art and Exhibition Hall），德国波恩。
屋顶花园草图，大约 1986 年
钢笔画

在这张建筑画中有没有卡通的感觉？可能有一点，因为维也纳建筑师古斯塔夫·佩茨尔——笔名伊罗尼姆斯（Ironimus- 与 "讽刺的" 相近）——是因其讽刺漫画而闻名的，常常是关于政治和建筑的讽刺；他甚至设计了位于奥地利克雷姆斯的讽刺漫画博物馆（Museum of Caricature）。在这张线条画中，佩茨尔捕捉住其作品——位于波恩的大型文化艺术展览馆——的屋顶花园的主要设计特征。这位建筑师说，靠近中心位置三个一组的尖顶代表了建筑、绘画和雕塑组成的美术，玻璃的尖顶呈圆锥状，将光线带入室内空间。服务于同样目的的是逐级退台的矩形和角部波浪状庭院。一条单独的长梯段将外墙横切，就像通往阿兹台克神庙的通道。展示在屋顶花园的雕塑都玩笑般地表现为弯弯曲曲的小巧造型。

monsieur, madame et le chien.

安东尼·龚巴克 (Antoine Grumbach)
（生于 1942 年）

"先生、夫人和狗" (*Monsieur, madame et le chien*)，大约 1987 年

钢笔和彩色渲染

巴黎建筑师安东尼·龚巴克以放肆的敏锐性宣称，建筑画是一个秘密组织寻求无限的神秘实践，他们沉溺于几何学，其中的信仰由于古代文献而得到强化。这些成员强迫性地沉溺在绘制建筑画、不可能实现的平面和立面图中，而这些绘画对于可见形式的影响仅是附带的。建筑学只不过是一种丧失的实践，当建筑画成为一座建筑物时，就是承受这种丧失之时。

龚巴克将他绘制的讽刺漫画叫做他的"刮痕" (scratchings)，就像这张拟人化的物体，每个人物的头上还夹着一片纸。

西萨·佩里（Cesar Pelli）（生于 1926 年）

金丝雀码头区加拿大广场 1 号（No. 1 Canada Place），英格兰伦敦。透视图，大约 1987 年

铅笔画

西萨·佩里运用有一点蜡笔软度的"思笔乐"牌（Stabilo）黑色铅笔，采用右上角到左下角的对角线运笔方式，着力强调光影关系，创建了一种事务所建筑画的风格。佩里在 20 世纪 50 年代于埃罗·沙里宁事务所工作时获得了这种技巧，而埃罗的技巧又是从其父亲伊利尔·沙里宁（见第 21 页）那里传承下来的。这一为伦敦港区（Docklands）最高建筑物而作的设计，是佩里建筑画风格的经典范例：这座 48 层的塔楼通过纸张的白色映衬在天空和城市风光之下而闪闪发光，而天空与城市景观的表现是分等级的、以倾斜笔触的阴影来表现的，为纸张表面肌理所衬托。

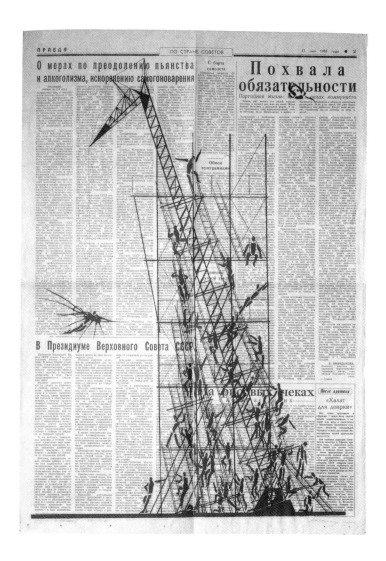

尤里·阿瓦库莫夫（Yuri Avvakumov）
（生于 1957 年）

"红塔：向弗拉基米尔·塔特林致敬"
（*Red Tower: Homage to Vladimir Tatlin*）。立面图，1988 年

报纸上丝网印刷

尤里·阿瓦库莫夫在 1981 年从莫斯科国立建筑设计学院（Moscow Architectural Institute）毕业之后不久，就成为苏维埃重要的"纸上建筑"（paper architecture）运动主导人物。这个运动出现于"开放"（*glasnost*）时期。随着走强硬路线的国家共产主义的瓦解，年轻的俄罗斯建筑师都转而期待对后革命时代的构成主义设计（例如，见埃尔·里希茨基（El Lissitzky），第 75 页）所表现的理念自由进行重新诠释，以对历史的乌托邦式设想来探索当代的关注议题。

在一页《真理报》（*Pravda*）上，阿瓦库莫夫与尤里·库津（Yuri Kuzin）合作，

将他们为莫斯科高尔基公园（Gorky Park）的一座塔的设计，制作成丝网印刷版画。这是基于弗拉基米尔·塔特林在 1919 年设计的一座未建成的著名塔楼的迷你版和现代装置版。为了增进他们设计的这座现代构筑物的历史幻想感，阿瓦库莫夫和库津打趣地建议，红塔也可以成为测试塔特林更为荒唐的发明之一——"塔塔楼"（Tatalin）——的场所：一座有人控制的飞行设备，根据达·芬奇设想的、像鸟一样有翼的飞行器而设计出的。在阿瓦库莫夫制作的这幅版画中，可以看到一个正在飞行的人在塔吊上摇摇晃晃，另一个人已经成功地飞起来，在画面的右上角。

巴西勒·阿巴亚提（Basil Al-Bayati）
（生于 1946 年）

"海边的东方村"（Oriental Village by the Sea），多米尼加共和国。鸟瞰图，1988 年

巴西勒·阿巴亚提正是一位将西东方相结合的建筑师。他出生于巴格达，并在当地接受建筑学训练，然后在伦敦开展了研究生阶段的学习，探索伊斯兰艺术与建筑，这成为他对于探索大自然几何图案和设计造型的垫脚石，而在他的祖国的视觉文化中，是非常注重这些的。这幅画是为建造一个位于加勒比地区的度假村而设计的概念方案绘制的，根植于东方的建筑类型，平面布局中采用取自

昆虫和植物的图案。蜻蜓的外骨骼形成建筑布局的主体，位于水岸的三角形嘴部的楼梯（沿着纸张右边缘），引导至这个生物的圆形头部，这就是入口大厅。这只昆虫长长的、分成一段一段的黄色身体是中央走廊，采用穹顶采光，它与一棵树的枝干缠绕在一起，树枝就是道路，树叶是产权自有公寓和休闲设施的屋顶。色彩斑斓的浆果是圆锥形屋顶的别墅，意欲使人想起中国的庙宇。

威廉·扬·诺特林斯（Willem Jan Neutelings）（生于1959年）

De Kai 公寓楼，比利时安特卫普，1988年

帆布上毡头笔

这张由威廉·扬·诺特林斯绘制的设计透视图，表现的是建造于安特卫普的一套由工作室和顶层公寓组成的建筑，假装成一幅卡通画。在天空的蓝色之下，黑白混合的动画线条将这座建筑转变成一个会活动的形象，在

太阳的热力下生动活泼——正在出汗。这是一种展现屋顶平台实用性的方式，平台将位于中心位置的橙色砖砌大楼、与木材质外表的银色侧翼联系起来。

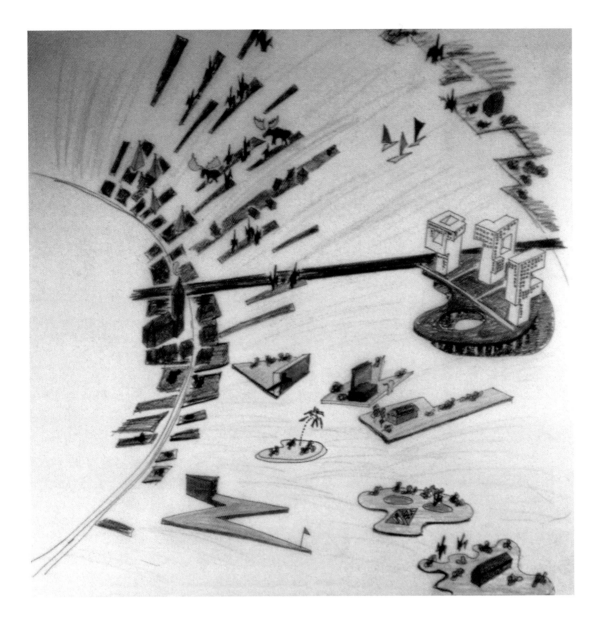

阿德里安·高伊策 (Adriaan Geuze)
（生于 1960 年）

大麦德雷赫特（Groot Mijdrecht）围海造田项目，荷兰。提议中的再开发片区鸟瞰图，1989 年

彩色铅笔

这幅画是由荷兰景观建筑师阿德里安·高伊策绘制的一幅严肃的提案，但是表现方式有一点半开玩笑似的。这是为大麦德雷赫特区域围海造田项目所做的再开发方案，该地区位于阿姆斯特丹南部，芬克芬湖的边缘地带，是一个广受欢迎的休闲和划船运动度假区。这个地区就像超过四分之一的荷兰国土一样，是围海造田而成的，也就是从大海开垦出的土地，由堤坝来保护，其特征是肋骨状耕作土壤，周边是排水渠。高伊策的这幅画提议保留在湖滨环境中的部分这种长条带状肌理，然后将更多的岛屿进行改造，成为适合不同用途的多样化形状，可以用作露营或高尔夫运动。麋鹿栖居在几个岛屿上，暗示着野生动物的回归。过去的城镇和道路基础设施被保留了，但是高层建筑表明城市化已经初见端倪。

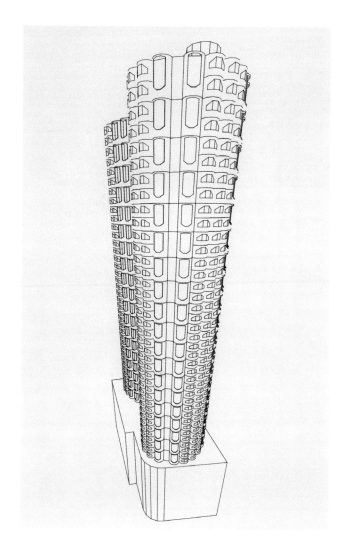

伯特兰·戈德堡（Bertrand Goldberg）
（1913-1997年）

芝加哥湖滨大公寓（Lake Shore
Grand Apartments），美国伊利诺
伊州。等角投影图，1989年

钢笔画

这两座双塔逐渐变细、逐渐缩小的形状，具有一种催眠式的、颠倒的感觉。我们的心灵会调整为将这幅画看作是透视图，从高处向下看的视角，因为从视觉上这座建筑在远处是逐渐变窄的。但是这个等角投影图表现的是"真相"：建筑从底部向顶部呈喇叭形展开。

伯特兰·戈德堡是芝加哥塔楼型摩天楼大师。这个没有实施的公寓楼设计，是戈德堡设计的、著名的马里纳城（Marina City）的深入发展，这两座60层高的塔楼在1964年竣工时，成为世界上最高的混合用途公寓楼兼办公楼综合体。画面中的这些公寓是为湖滨大道（Lake Shore Drive）规划而设计的，这是一条长长的、

蜿蜒的公路，从城市道路转变为沿着芝加哥密歇根湖岸的高速道路。戈德堡的设计表达了对这条大街上由密斯·凡·德·罗设计的现代主义公寓建筑的敬意，后者于1951年竣工，也是双塔造型。但是，众所周知的是，密斯的建筑是由钢铁和玻璃组成的矩形盒子；在这幅画中，戈德堡寻找的挑战是采用具有感官愉悦的有机形状，在他的眼中这些形状更具有人性、更适合居住，他将这些形状以混凝土来塑造。这种竞争几乎是心理意义上的，戈德堡在学生时代，曾经在柏林包豪斯于1932-33年接受密斯的指导，之后不久这所学校就被纳粹关闭。

斯蒂芬·康内尔（Stephen Kanner）
（1955-2010 年）

哈佛公寓（Harvard Apartments），
洛杉矶詹姆斯伍德大街（James M.
Wood Boulevard）（西九大街），美
国加利福尼亚州。透视图，1989 年

水粉

在 20 世纪 80 年代和 90 年代之间，斯蒂芬·康内尔的建筑利用了洛杉矶以后现代主义方式、对 20 世纪 50 年代和 60 年代加州现代主义最顶峰时期以及喷气机时代生活方式的复兴。在这张水粉画中，艺术家耶奥甘纳·迪思（Georganne Deen）（生于 1951 年）那产生迷幻效果的、连环漫画风格，非常适合康内尔的"加州波普"（Californian Pop）风格。当他在 1982 年加入建筑师父亲开设的事务所时，正是因此而获得声誉的。画面中的场景表现的是洛杉矶韩国城（Koreatown）混合收入邻里，有一个穿着波尔卡圆点图案服装的人物正在眺望夜晚所发生的古怪事情：一个疯疯癫癫的酒鬼和一个遛狗的女人出现在康内尔设计的哈佛公寓倾斜的墙面之前。墙体内部的馅是带有门窗洞口的玫瑰色和绿色体量，被白色切片状构件捏挤在一起，康内尔开玩笑地称这座建筑为"火腿和瑞士硬干酪三明治"。

马里莫·马里亚尼（Massimo
Mariani）（生于 1951 年）

电缆支架公司总部大楼，意大利恩波
利。透视图，1990 年

钢笔、彩色蜡笔和拼贴

马里莫·马里亚尼的建筑画中总有一些东西，
甚至其设计的建筑之一，也是如此：如果你
看了不是微笑的话，就是在大笑。和善的设
计肯定有利于和善的栖居。在这张画中，一
个像连环漫画一样的超级英雄，穿着豹纹衣

服，摆着"pose"，站在马里亚尼设计的、
将一座 20 世纪 60 年代的工业建筑转变用途
为办公楼的再开发项目前面。这座建筑的玻
璃正立面被揭去，露出了内部的圆锥体结构，
这是为员工而设计的沉思庇护所。

多米尼克·佩罗（Dominique Perrault）
（生于1953年）

法国国家图书馆（Bibliothèque Nationale de France），巴黎。**低层回廊透视图，大约1990年**

描图纸上铅笔、蓝色蜡笔和印刷纸拼贴

仅仅采用一点透视，就戏剧性地将多米尼克·佩罗绘制的、法国雄伟的国家图书馆沿室内走廊和入口区域的视线延长了。直角线条的汇聚，将注意力引向围绕中央花园的、长长的回廊尽端开口。只有连接着上部散步平台的楼梯斜线，打破了玻璃墙体的横向线条、以及代表着混凝土柱子的加阴影的条带。线条的半透明感、轻柔的暗部以及人物形象拼贴，将这个雄伟项目的巨大尺度，提炼为具有亲密感的人性尺度。

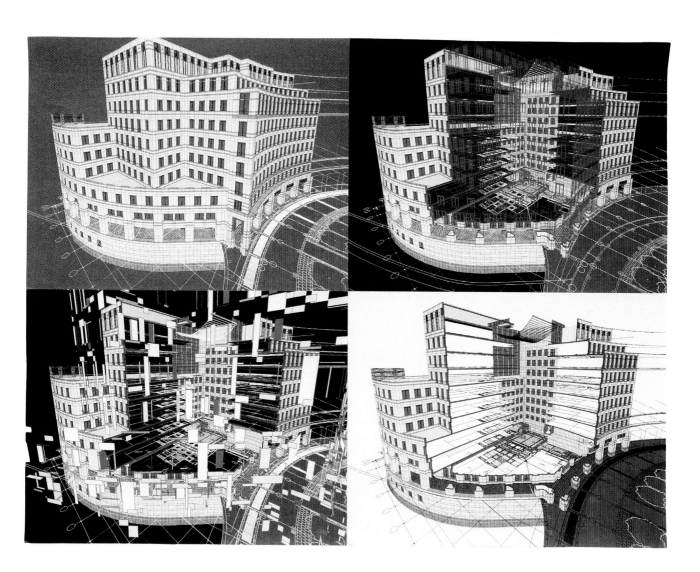

SOM 事 务 所（Skidmore, Owings and Merrill）

金丝雀码头西渡口环形广场（Westferry Circus），英格兰伦敦。四联视图，大约 1990 年

纸上数字图像，四张纸连起来

到 20 世纪 80 年代，火炬从 20 世纪 30 年代伟大的 SOM 事务所三位奠基成员——斯基德莫尔、奥因斯和梅里尔这些老先生——传递到诸如戈登·邦夏（见第 245 页）的手中，甚至传递到另一代现在转向创作建筑的新途径——计算机辅助设计（CAD）——的国际化建筑师手中。在 SOM 事务所，这个设计团队的建筑师之一史蒂夫·金（Steve King）创作了这座位于伦敦新金融中心——

改造过的金丝雀码头区——第一批办公建筑之一的系列分解图。这四张图纸分别打印出来，然后连接在一起成为一张纸，是采用了一种叫做"建筑工程系统"（Architectural Engineering System - AES）的"建筑信息模型"（building information modeling - BIM）系统绘制的，这是 SOM 事务所开发出的 CAD 程序。建筑外部被层层剥开，露出内部的办公楼层。

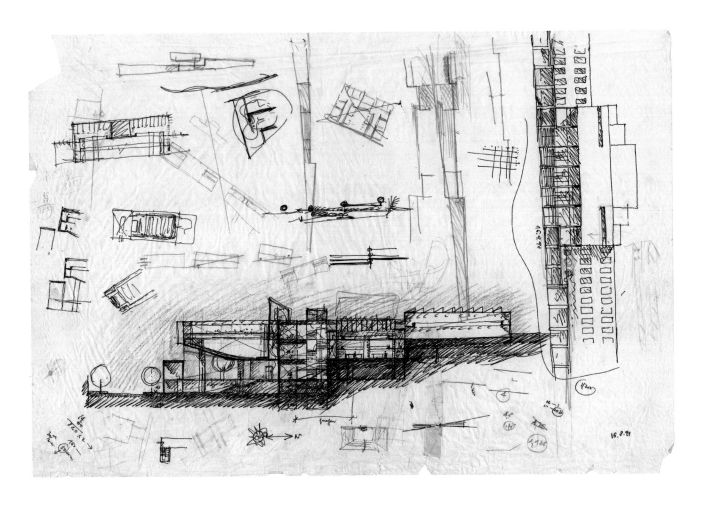

费尔南多·塔沃拉（Fernando Távora）（1923-2005年）

科英布拉大学（University of Coimbra）科学与技术系大楼，葡萄牙。草图，1990年9月16日和1991年8月16日

描图纸上钢笔、铅笔和彩色铅笔

费尔南多·塔沃拉首先画了一张这座大学建筑的立面图（右）。这座建筑将成为建筑系馆，由塔沃拉担任主任。在不到一年之后，他又回到这张画，把纸张转了一个方向，粗略地画了剖面图和一批各式各样的细部。塔沃拉的设计给人的印象深刻的特征，是开敞的室内空间，由一系列中庭空间组成，光线穿透这些中庭，塔沃拉以穿过整个剖面的三根一组对角线方向的红色线条来表现这些光线。参差不齐的地面线条，暗示了这块基地位于一片丘陵地带。

本·范·伯克尔（Ben Van Berkel）（生于1955年）

伊拉斯谟桥（Erasmus Bridge），荷兰鹿特丹。设计草图，1991年8月4日

黑纸上白色钢笔

伊拉斯谟桥悄无声息地跨越在宽广的新马斯河上，连接着南北鹿特丹。这座桥在1996年竣工时，呈八字形张开的独塔结构庞大的白色轮廓，就像以缆索作为琴弦的竖琴，成为这座荷兰港市的象征。在这张设计阶段早期绘制的探索性草图中，建筑师本·范·伯克尔以白色钢笔绘制在黑纸上，以更好地想象这种白色造型，这也是该桥最终采用的形式。路面以下的桥墩不对称构图刚刚开始呈现出来。

维多利奥·格里高蒂（Vittorio Gregotti）（生于 1927 年）

莱比锡广场更新改造，德国柏林。透视图，1991 年

印刷品上加粉状粉笔和彩色铅笔

德国于 1989 年统一之后，随着柏林墙大部分被拆除，在这座城市的中心地带——勃兰登堡门和波茨坦广场之间——留下一片千疮百孔的荒地。当时邀请世界各地建筑师参与一项设计竞赛，从此这片土地被转变成一批地标塔楼和旅游景点的聚集地。意大利建筑师维多利奥·格里高蒂提交了这张工作室透视图，作为他参赛作品的一部分。覆盖着玻璃的温室建筑，容纳着购物中心，成为以轴线进行规划的人行广场的垂直边界。齐柏林飞艇是一个历史幻象，带出这张画以及该设计方案与这座城市在分裂前的历史连续感。

马里奥·波塔（Mario Botta）（生于 1943年）

圣约翰教堂（Church of San Giovanni Battista），瑞士蒙哥诺。剖面图，1992年

黑色蜡笔

在瑞士境内阿尔卑斯山脉高耸之处，在一条长长的蜿蜒道路的尽端，几乎是人类可以建造的最靠近天堂之所，坐落着马里奥·波塔为其家乡设计的圣徒约翰教堂。这张穿过这座高山教堂的剖面视图，是在设计阶段绘制的，突出了玻璃单坡顶的准确斜度。这种倾斜度使大量光线能够进入室内，同时也能迅速摆脱雪荷载。波塔是一位单色绘画大师，他使用黑色钢笔和蜡笔，强烈地反衬纸张的白色。这种技巧与教堂的建筑材料完美地匹配：墙体采用令人迷惑的明暗层叠和格网图案，灰色花岗石与白色大理石交替的效果，是波塔通过徒手在仔细控制好的平行条带和方块之上增添阴影而表现的。

乔·克内(Jo Coenen)(生于1949年)
KNSM岛"绿宝石帝国"(Emerald
Empire)住宅楼,荷兰阿姆斯特丹。
平面图和透视草图,1992年4月
6日
描图纸上钢笔和彩色蜡笔

在20世纪80年代晚期,乔·克内为阿姆斯特丹东港狭长的KNSM岛设计了总体规划,成为这片先前工业码头蓬蓬勃勃的再开发项目的一部分。作为项目中的主要成分,克嫩设计并建造了这座位于岛屿端部的大型居住公寓——"绿宝石帝国"。他绘制的设计方案表现的环形平面,就像天空中一轮庞大的太阳,照耀在下部透视图黑乎乎的背景上。

建筑造型设计使居民能够在公寓内拥有观看繁忙的水上交通的宽广视野,同时也给予他们一个更为安静的面向,可以看到内部经过景观处理的庭院,避开常常横扫港口的强劲海风。

吉安卡罗·德·卡罗（Giancarlo De
Carlo）（1919-2005 年）

乌 尔 比 诺 大 学（University of
Urbino）教育学院（Il Magistero），
意大利。草图，1992 年

黑纸上白粉笔

意大利建筑师吉安卡罗·德·卡罗在 1993
年获得英国皇家建筑师学会的皇家金质奖章
（Royal Gold Medal），在这之后，他将这
幅画递交给学会，加入学会著名的馆藏之
中。他设计的位于乌尔比诺的教育学院项目
于 1976 年竣工，这幅画在此之前一年绘制。
作为这座意大利古城的城市规划师，德·卡
罗为这所地方大学设计了许多建筑。大学就
位于文艺复兴时期公爵宫那山峰一样起伏的

宫墙下方，在这幅画中，他以三个一组的棱
堡来表现。德·卡罗设计的教育学院大楼的
主要特色是半圆形剧场，他在平面图中绘制
的就像扇子一样展开；这是一座室内圆形剧
场，分割线代表可移动墙体，用来组织教学
区域。这幅画中的古典人物形象追随着大学
建筑来自于古代教学机构的血系，也是来自
于文艺复兴时期发表在建筑专著中的阐述比
例体系的人物形象。

恩里克·米拉列斯（Enric Miralles）
（1955-2000 年）

色彩公园（Parc dels Colors），莫列特德尔瓦列斯（Mollet del Vallès），西班牙。草图，大约 1992 年

钢笔和彩色蜡笔

恩里克·米拉列斯设计的色彩公园位于莫列特德尔瓦列斯，这是位于巴塞罗那郊区的工薪阶层小镇。公园的设计大部分由混凝土景观小品和雕塑组成。游戏区、照明柱和棕榈树与桉树的小树丛混杂在一起。在这张早期阶段的草图中，米拉列斯集中表现了植被和贴瓷砖的蓝色喷泉水池紧凑体量之间的色彩搭配，它们以游戏的方式混搭成小巧的图案：

在右下角，一张立面图展现了黄色背景之上的树木，映衬在当地尖耸的山丘下；在平面图中，有着像水果一样的形状，还有一条小径像棕榈树枝干一样，到顶部变成像扇子一样打开的植物叶子。

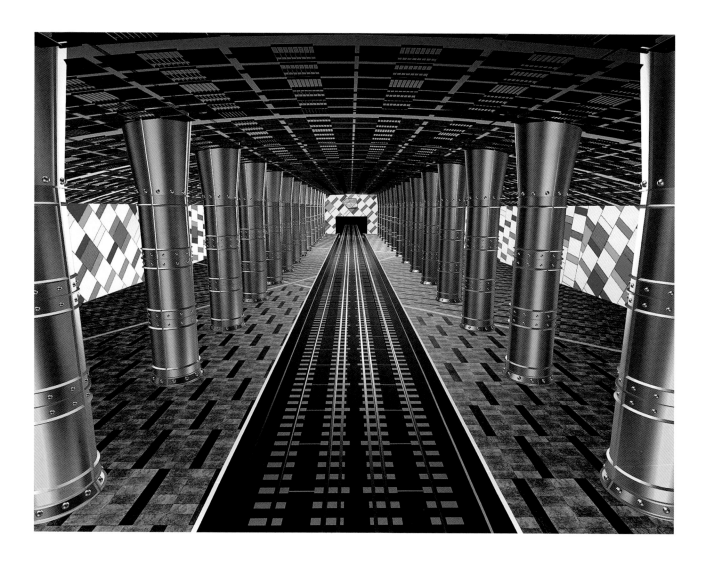

托马斯·塔维拉（Tomás Taveira）（生于1938年）

奥莱尔斯地铁站（Olaias Metro Station），葡萄牙里斯本。月台层透视图，1992年

数字印刷品

葡萄牙建筑师托马斯·塔维拉利用比较早期的计算机软件程序，创作出复杂而令人惊叹的图像。他的建筑总是显示出对色彩、肌理和图案的浓厚兴趣，而 CAD 使得他能够强化这些品质。塔维拉设计的这座站台位于里斯本市奥莱尔斯行政区，是当地一条新建地铁线的一部分，这条线路最初服务于1998年的世界博览会场址。他已经用了20多年

时间在周边设计了许多居住街区。这张画以一点透视来渲染，所有的一切都被吸进前方的隧道入口。图案主导了画面：墙壁是里卡多·塔维拉（Ricardo Taveira）创作的抽象陶瓷壁画，地坪是以相交的角度铺砌的瓷砖，顶棚就像是一片浓郁的蓝色调纺织品。柱子周围的金属护板闪闪发光，好像是金子制作的一样。

利斯贝特·范·德尔·珀尔（Liesbeth van der Pol）（生于 1959 年）

"红魔"（Red Devils），荷兰阿尔梅勒。透视图，1994 年

钢笔和彩色渲染

这三座公寓建筑之所以可以被称作"红魔"，是因为最终全都以红色钢铁装备作为外饰面。但是在这张探索性透视图中，利斯贝特·范·德尔·珀尔在试验不同的色彩：红、黄、蓝，这是她的荷兰先驱者在 20 世纪 20 年代风格派作品中最喜爱的颜色。范·德尔·珀尔偏爱使用水彩，在这幅画中，她有效地运用水彩表现三个一组的建筑在运河水面上的倒影。这条运河流经开阔的围海造田土地，还有一条输电线和一条道路横越这片围海田。

塞德里克·普莱斯（Cedric Price）
（1934-2003 年）

"磁铁"（*Magnet*）：托特纳姆宫
路（Tottenham Court Road），英格
兰伦敦。透视图，1995 年

描图纸上铅笔、蓝色铅笔和红色墨水
印章，覆盖在彩色照片上

"磁铁"是塞德里克·普莱斯的系列设计作
品标题，这些设计旨在利用适合于场所的可
移动构筑物，治愈断掉的人行道节点，不论
这些场所是在城市环境中，还是在景观环境
中。就像磁铁一样，这种模块既可以依附在
节点上，也可以从节点上拆卸下来。机动性
和灵活性常常是普莱斯设计方案的重要组成
部分。在这个方案中，他致力于解决繁忙而

臭名昭著的伦敦托特纳姆宫路和牛津街交叉
口，就在中间点（Centre Point）塔楼的基座处，
行人在这里受阻，不能过马路。普莱斯在不
透明的描图纸上绘制了一张简单的草图，覆
盖在场地的照相复制图像纸上；作为其"磁
铁"构筑物之一，这个构件由自动扶梯、楼
梯和通道组成。

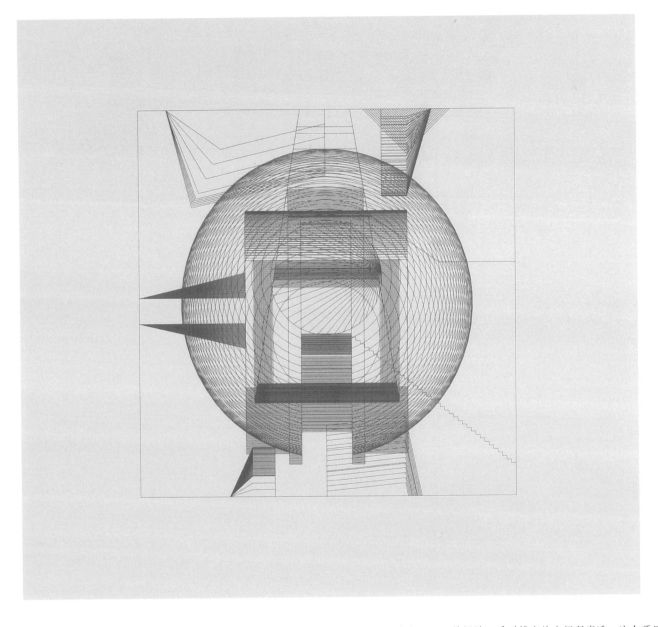

dECOi 设计小组（成立于 1991 年）
"玻璃容器的设计（玻璃屋）"
（*Design for Glass Vessel (A House of Glass)*）。横截面图，大约 1996 年

数字印刷品

马克·古索丕（Mark Goulthorpe）（生于 1963 年）在 1991 年创建了 dECOi 小组。这个团体因处于试验性数字设计最前端而迅速赢得了声誉。早期的计算机建筑画常常追随手绘技术常规，只有像 dECOi 小组这样的执业建筑师所做的完善，才使得新数字技术能够进一步推动软件程序和建筑技术。这张画展现的设计方案是制作一个 1 米长的树脂玻璃盒子，

其间被一系列镂空的空间所穿透。这个项目是为日本的一项设计竞赛而作的方案，其主题是更新改造 20 世纪著名的玻璃建筑物，尤其是菲利普·约翰逊（Philip Johnson）设计的"玻璃屋"（Glass House）。这张横截面图取自向下看这个清透容器的整个长度的视角，容器代表一幢住宅；各种复杂的重叠几何形状，是一系列房间。

维尔·阿雷兹（Wiel Arets）（生于 1955 年）

天主教大教堂（Roman Catholic Cathedral），加纳海岸角（Cape Coast）。带有露天体量的斜坡透视图，1997 年

数字图像

计算机辅助设计（CAD）常常利用传统艺术的技法。这张由荷兰建筑师维尔·阿雷兹制作的数字作品是一幅拼贴画，用神父和修女的照片图像与计算机产生的建筑、水面和天空造型相结合（运用 Vectorwork 软件程序）而产生的。其结果是超现实主义的，介于真实和虚构之间。作为一种叙事，牧师的集会似乎是可信的，但是这个设计出来却未建造的西非大教堂的大斜坡，以及下方波光粼烈的泻湖，具有令人困惑的现实感。

理查德·英格兰（Richard England）
（生于 1937 年）

圣詹姆斯骑士团创意中心（Saint James Cavalier Centre for Creativity），马耳他瓦莱塔。中庭门厅透视图，1998 年

毡头笔和油粉笔

马耳他建筑师理查德·英格兰说，他为自己在创作建筑画时，"画一笔就像散个步"而感到兴奋 [丹尼斯·夏普（Dennis Sharp），编著，《理查德·英格兰：作为艺术家的建筑师》（Richard England: Architects as Artist，2007）]。英格兰的手绘草图的确是生动活泼的，由大胆的黑色钢笔线条组成，之后他通过添加油粉笔并揉搓的方式赋予其肌理，使纸张表面丰满起来。在这张概念画中，英格兰从根本上将一个圆形蓄水池——位于由马耳他骑士团（Knights of Malta）建于 16 世纪中叶的堡垒厚重的石砌墙体之内——转变成艺术中心一处生动的交通空间，甚至棕榈树也在这里枝繁叶茂。

MVRDV 建筑设计事务所（成立于
1991 年）

2000 年世界博览会荷兰馆，德国汉
诺威。透视图，1999 年 1 月 11 日

数字图像

在 20 世纪 90 年代，荷兰建筑学经历了
一场所谓的"第二次现代化"（second
modernity）运动，以对这个国家在两次世界
大战期间第一次创意勃发的时期表示敬意。
这一场新的运动很快被贴上"超级荷兰"
（SuperDutch）的标签。总部在鹿特丹的建
筑执业机构 MVRDV 建筑设计事务所以其
为 2000 年世界博览会荷兰馆所做的设计，
成为这一运动和这个世纪的最后华冠。在数
次重要的演示中，MVRDV 建筑设计事务所

运用了由来自设计公司 Group A 的建筑同僚
建模的计算机视觉化技术。这张充满动感的
透视图，将计算机产生的建筑和景观，与植
物、天空和人物的照相拼贴合成在一起。这
座展馆是技术与大自然之间进行生态互动的
蜂箱。在一片花坛中，建筑物的地面层由波
浪起伏的混凝土框架"沙丘"提供支撑。在
上部，游客向上到达种植着郁金香的"温室"。
然后穿过由树木组成的"盆景"，最后来到
屋顶，观赏以草皮呈现的"围海造田"。

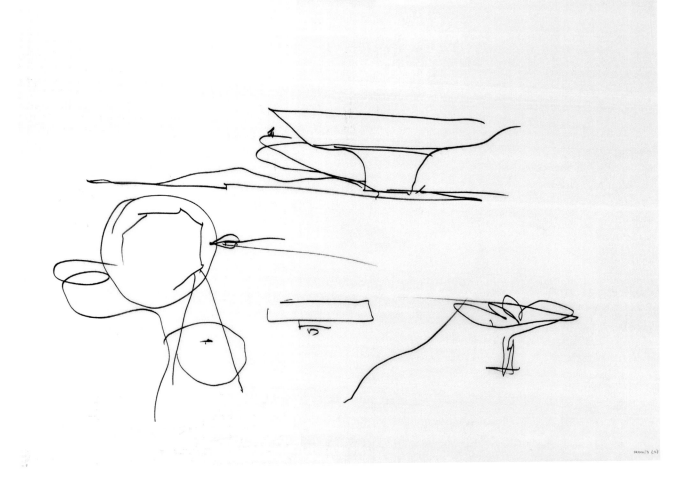

奥斯卡·尼迈耶（Oscar Niemeyer）
（1907-2013 年）

尼泰罗当代艺术博物馆（Niterói
Contemporary Art Museum），巴西
里约热内卢。演讲示意图，2000 年
5 月 21 日

毡头笔

奥斯卡·尼迈耶就像另一位 20 世纪伟大的现代主义鼎盛时期建筑师——勒·柯布西耶一样，一边进行演讲一边以豪放的大幅面建筑画进行阐释。实际上，尼迈耶的绘制草图方法，就是来自于直接的传承。在 20 世纪 30 年代与勒·柯布西耶工作之后，尼迈耶就吸取了导师的城市设想、建筑学方法和强烈的社会责任感。尼迈耶后来逐渐发展出自己的建筑风格，就像他的建筑画线条一样自由流动，最著名的体现在他为祖国新首都巴西利亚所做的规划和设计的主要建筑物。

当尼迈耶于 2000 年在里约热内卢的演讲中绘制这幅画时，是亲力亲为的。当时

92 岁高龄、仍然精力充沛的尼迈耶正在讲解他的建筑作品；在解释这座刚竣工的尼泰罗博物馆时，他在纸张上部简略地绘制了轮廓线。这座建筑像漏斗一样的形状映衬在城市的群山背景之下，他用马克笔轻轻一抹，就展现了一位游客站在一根代表螺旋形入口斜坡的线条上。为了展现进入博物馆的通道，尼迈耶在左下角画出了平面图，小一些的圆形插入这座建筑的大一些的圆形之中。他说，这座博物馆就像一朵盛开的花，正如他在右下角画出来的那样，以这样的方式，他使得整幅画的构图成为一个倒三角，就像这座建筑本身一样。

更多的原始资料

建筑画的幸存纯属偶然事件。在一生的工作时间当中，20世纪一位普通建筑师有可能创作了许多建筑画，足以堆满事务所一间房间，大型执业机构的建筑画可以装备一座仓库。大多数建筑画被视作再平凡不过的东西，就像转瞬即逝的东西一样对待；一旦建筑建成，或者项目被拒绝，在经历一段时间之后，这些画就被处理掉了。甚至这个世纪的伟大建筑师——例如弗兰克·劳埃德·赖特、勒·柯布西耶和密斯·凡·德·罗，尽管维护着极为精准的档案资料，但是也不可能挽救所有的东西。

有时，一旦某位建筑师去世，其家属或机构就会创办基金会，其中包括对建筑画的保存。弗兰克·劳埃德·赖特有23000多幅建筑画幸存下来，被一个基金会保管，并且移交给哥伦比亚大学和纽约现代艺术博物馆（MoMA）。关于赖特的书籍和文章可谓汗牛充栋，在所有20世纪建筑画中，赖特的建筑画一定是发表数量最多的，最重要的出版物是由三川幸夫（Yukio Futagawa）编撰的大型12卷专著系列《弗兰克·劳埃德·赖特》（*Frank Lloyd Wright*）（东京：A. D. A. Edita出版社，1984-1987年），其中的文字部分由赖特的学徒布鲁斯·菲佛（Bruce Pfeiffer）撰写；最后三卷全都是赖特的建筑画。

以类似的史诗般规模，现代艺术博物馆从其馆藏品中自费出版了《现代艺术博物馆中密斯·凡·德·罗建筑画图片目录》（*An Illustrated Catalogue of the Mies van der Rohe Drawings in the Museum of Modern Art*）（纽约和伦敦：加兰出版公司（Garland），1986-1992），由阿瑟·德雷克勒斯（Arthur Drexler）编著，共20卷。更易获取的密斯建筑画是由泰伦斯·瑞莱（Terence Riley）和巴里·伯格多尔（Barry Bergdoll）编著的精美图书《密斯建筑在柏林》（*Mies in Berlin*）（纽约：现代艺术博物馆，2001年）。

在这个世纪的其他伟大人物中，我们唯一能够期待的系列目录，举例来说，就是来自巴黎勒·柯布西耶基金会的出版物了。两个可作为范例的是由埃尔斯·赫克（Els Hoek）编著的《特奥·凡·杜伊斯堡：全部作品目录》（*Theo van Doesburg: Oeuvre Catalogue*）（乌特勒支：中央博物馆-Centraal Museum，2000年），这是以荷兰语和英语出版的版本，来自中央博物馆和位于奥特洛的克勒勒-米勒博物馆（Kröller-Müller Museum）藏品；以及由乔·布雷肯（Jo Braeken）编著的《雷纳特·布雷姆：1910-2001年》（*Nenaat Braem: 1910-2001*）（布鲁塞尔：ASA出版社，2010年，2卷），这是以荷兰语出版的，来自布鲁塞尔现代建筑档案馆（Archives d'Architetcure Moderne）。

在有些国家，一直都有着先见之明和好运，使之能够设立建筑画收藏。本书中的"图片来源"列表就是所有这些重要收藏全面的指南。纽约现代艺术博物馆拥有赖特和密斯之外数量相对较少、但精挑细选的

藏品，已经出版了两本关于建筑画的精美作品集：玛蒂尔塔·麦奎德（Matilda McQuaid）撰写的《构想建筑：现代艺术博物馆图纸选集》（*Envisioning Architecture: Drawings from the Museum of Modern Arts*）（2002年）以及泰伦斯·瑞莱等编著的《先锋派的变迁：来自霍华德·吉尔曼基金会藏品中的想象建筑画》（*The Changing of the Avant-Garde: Visionary Drawings from the Howard Gilman Collection*）2002年。这座博物馆也拥有馆藏品数据库，可登录http://moma.org/collection/search.php。然而，美国最大的收藏在纽约哥伦比亚大学艾弗里建筑与美术图书馆（Avery Architectural and Fine Arts Library）绘画与档案部（Drawings and Archives Department），其在线资源可登录http://library.columbia.edu/indiv/avery.html。宾夕法尼亚大学路易斯·康档案馆出版了值得赞誉的作品集，其中应当更具有这种风格的是迈克尔·梅里尔（Michael Merrill）所著的《路易斯·康空的空间构成》（*Louis Kahn on the Thoughtful Making of Spaces*），这是通过该建筑师的未建成作品——怀厄明多修道院（Dominican Motherhouse）所进行的探索。

在伦敦，皇家建筑师学会（RIBA）拥有超过100万幅建筑画，主要是英国的作品，并且拥有不断增长的馆藏品图片库，在线资源可登录www.ribpix.com，这是建筑画狂热爱好者可以随意浏览的精彩领域。

类似的是，20世纪法国建筑画被很好地保存在巴黎建筑设计与文化遗产城（Cité de l'Architecture et du Patrimoin），成为其丰富馆藏品的一部分，可以通过http://archiwebture.citechaillot.fr在线观看。蓬皮杜中心（Centre Pompidou）出版了《乔治·蓬皮杜国家文化艺术中心建筑馆藏作品：在阿兰·吉厄指导下完成的馆藏目录》（*Collection d'architecture du Centre Georges Pompidou: Catalogue réalisé sous la direction de Alain Guiheux*）（1998年）。法国奥尔良的FRAC基金会中心（FRAC Center）也从其20世纪晚期馆藏品中，精选出版了一册图版精美的图书《1950-2000年的建筑实验：基金会中心馆藏作品集》（*Architectures experimentales 1950-2000: Collection au FRAC*）（2003年）。

在加拿大，位于蒙特利尔的加拿大建筑中心（Centre Canadien d'Architecture）拥有国际化的收藏，其中包括詹姆斯·斯特林（James Stirling）和塞德里克·普莱斯（Cedric Price）的档案，可以通过网址http://www.cca.qc.ca/en进行在线研究。

德国建筑画的主要收藏在位于美因河畔法兰克福的德国建筑博物馆（Deutsches Architeckturmuseum），该馆出版了关于许多建筑师的极为精美的专著，都极大地关注了建筑画。这批馆藏品储备中的一个标志是出版时间比较久远、但是图片非常精美、由海因里希·克罗兹（Heinrich Klotz）所著的《20世纪建筑学：建筑画、模型、家具》（*20th Century Architecture: Drawings, Models, Furniture*）（伦敦：学

会出版社（Academy Editions），1989 年；也有德语版本）。他们出版的许多精美图书中，有一本专门关注于 20 世纪晚期最著名的建筑透视画家，就是由黑尔格·博芬格（Helge Bofinger）和沃尔夫冈·福以格特（Wolfgang Voigt）合著的《赫尔穆特·雅各比：建筑绘画大师》（*Helmut Jacoby: Master of Architecture Drawing*）（蒂宾根：瓦斯穆特出版社（Wasmuth），2001 年；有德语和英语版本）。

荷兰这个小国家拥有丰富的建筑遗产，在荷兰建筑协会（Nederlands Architectuurinstituut - NAi）保护之下是幸运的，该协会拥有大规模的建筑画档案，出版了诸如由曼弗雷德·波克（Manfred Bock）、西格莉德·约翰尼斯（Sigrid Johannisse）和弗拉基米尔·斯蒂西（Vladimir Stissi）所著的《米克尔·德克勒克 1884-1923：阿姆斯特丹学派的建筑师和艺术家》（*Michel de Klerk 1884-1923: Architect and Artist of the Amsterdam School*）（1997 年）这样的精彩出版物。

《战后和当代意大利建筑设计：1948-2002 年》（*Disegni di architettura italiana dal dopoguerra ad oggi, 1948-2002*）（佛罗伦萨：Centro Di 出版社，2002 年）是意大利建筑画的最佳出版物，其作品取自"建筑·艺术·现代"文化机构（Architettura Arte Moderne）的弗朗切斯科·莫斯基尼（Francesco Moschini）收藏品。斯堪的纳维亚国家——丹麦、芬兰、挪威和瑞典——是现代运动中一支重要的力量，每个国家都拥有杰出的建筑博物馆和各种藏品。此外，位于赫尔辛基的阿尔瓦·阿尔托基金会（Alvar Aalto Foundation）拥有这位芬兰建筑师绘制的 12 万幅建筑画。

许多关于个别建筑师的专著都包含有建筑画，尽管在比较早期的作品中，这些建筑画是黑白印刷的。偶尔也能看到特定建筑师的建筑画卷册。这方面令人感兴趣的例子有 G·切莱恩特（G. Celeant）和 D·吉拉尔多（D. Ghirardo）所著的《阿尔多·罗西的建筑画》（Aldo Rossi: Drawings）（米兰：Skira 出版社；纽约；Rizzoli 出版社，2008 年），这是一本制作优美的出版物，还有规模比较大、超过 1000 页的著作，《尤纳·弗莱德曼：建筑画与模型 1945-2010 年》（Yona Friedman: Drawings and Models 1945-2010）（Les Presses du Réel，2010）。

历史上各种运动能更好地结合建筑画。一个优秀的代表就是凯瑟琳·库克（Catherine Cooke）所著、关于构成主义建筑师的极其精美的小册子之一——《俄国先锋派建筑画》（*Architectural Drawings of the Russian Avant-Garde*）（纽约：现代艺术博物馆，1990 年），这些作品是基于莫斯科师塞谢夫国家建筑博物馆（Schusev State Museum of Architecture）的藏品。这些收藏极为重要，但几乎不为人知。另外一个值得探索的资源是关于"建筑电讯"小组（Archigram）的，完善地保存在在线档案项目中，可登录 http://archigram.wesminster.ac.uk。同时，"建筑电讯"的主教彼得·库克（Peter Cook）也撰写了一本最具有见地的、关于现代建筑画的著作《手稿：建筑的刺激动力》（Drawings: The Motive Force of Architecture）（奇切斯特：John Wiley and Sons 出版公司，2008 年）。

最后，应当被提及的是一本精美的出版物——《建筑师手绘本》（The Hand of the Architect）（米兰：Moleskine 出版社，2009 年），这本书的特色是主要呈现了来自 20 世纪 80 年代至 2009 年之间许多知名建筑师的草图。

索引

译者简介

邢晓春

英国诺丁汉大学建筑环境学院毕业，获可持续建筑技术理学硕士，东南大学建筑系本科毕业。现任南京市建·译翻译服务中心总经理，专业从事建筑、城市规划和心理学的翻译工作。

作为主译，已出版的译著有：《包豪斯梦之屋——现代性与全球化》（国外建筑理论译丛）、《美观的动力学——建筑与审美》、《为气候改变而建造——建造、规划和能源领域面临的挑战》（绿色建筑系列译丛）、《尖端可持续性——低能耗建筑中的新兴技术》（绿色建筑系列译丛）、《怎样撰写建筑学学位论文》（建筑系学生实用手册系列）、《适应气候变化的建筑——可持续建筑设计指南》（绿色建筑系列译丛）、《课程设计作品选辑——建筑学生手册》（建筑系学生实用手册系列）。

其中《为气候改变而建造》、《尖端可持续性》和《适应气候变化的建筑》获 2010 年中国出版协会引进版科技类优秀图书奖。

联系方式

Email：jane2109@hotmail.com，jane_xing@126.com

致谢

大多数建筑画都是交上好运的幸存品。纸张寿命短暂的特性、世界上发生的重大事件造成的动荡不定，以及迟钝的人对于建筑画的漠不关心和忽略，导致建筑画中的大部分被清理掉了。当然，并不是所有的西都要得到保存，但是，甚至当某位建筑师的纸质作品由于特殊理由被保存下来的时候——这也有可能包括事务所员工的作品，也就是作为集体艺术的建筑设计——也不是每一样重要的东西都能够幸存下来。

本书中建筑画来自收藏品——公共馆藏品、机构收藏和私人收藏，其中许多作品都是由于我个人的研究工作才能够有此荣幸得以了解，这些收藏确保了纸上建筑历史的保护。因此，我愿意利用这个机会感谢在这些独特的藏品机构工作的我的同事们。纽约现代艺术博物馆，如果不能说海量收藏的话，也可以说其拥有的全世界建筑画收藏品质极高，意义非凡，这些都是整个 20 世纪知名建筑师绘制的。菲利普·约翰逊建筑与设计档案馆馆长（Philip Johnson Curator of Architecture and Design）巴里·伯格多尔（Barry Bergdoll）博士总是以充满智慧的专业知识，对我的研究给予慷慨的支持。在伦敦，英国皇家建筑师学会（RIBA）拥有全世界规模最大和最丰富的建筑画收藏——尽管我要说一句，这得考虑到我在绘画部担任馆长将近 20 年这一事实。我要感谢绘画部馆长查尔斯·欣德（Charles Hind）以及 RIBA 绘画藏品部的员工；感谢 RIBA 图书馆的馆员，这里也是我的研究家园，这些馆员总是充满热情、知识并提供帮助；感谢 RIBA 照片收藏部已故的罗伯特·埃尔沃尔（Robert Elwall）——我真正想念的同事，以及乔纳森·梅克皮斯（Jonathan Makepeace）；感谢伊蕾娜·默里（Irena Murray）博士和大英建筑图书馆（British Architectural Library）的班尼斯特·弗莱彻（Banister Fletcher）爵士。

在苏格兰，苏格兰古迹及历史纪念物皇家学会（Royal Commission on the Ancient and Historical Monuments）馆长简·托马斯（Jane Thomas）以一贯的亲切和仁慈为我提供信息。位于法兰克福的德国建筑博物馆（Deutsches Architekturmuseum - DAM）副主任沃尔夫冈·福格特（Wolfgang Voigt）博士，许多年来，一直是我进行现代建筑研究的朋友和同事，他给予了极大的支持。同时我还要感谢德国建筑博物馆（DAM）的彼得·卡绍拉·施马尔（Peter Cachola Schmal）、奥利弗·埃尔泽（Oliver Elser）和英格·沃尔夫（Inge Wolf）。我也非常乐意呈现我对于维也纳建筑中心（Architekturzentrum）收藏品和员工的赏识，尤其是莫妮卡·普拉策（Monika Platze）和迪特马尔·施泰纳（Dietmar Steiner）；我还要感谢佛兰德建筑档案中心（Centre for Flemish Architectural Archives）；加拿大建筑中心（Canadian Centre for Architecture）；爱沙尼亚建筑博物馆（Museum of Estonian Architecture）、尤其是玛伊特·瓦利亚斯（Mait Väljas）；我要感谢芬兰阿尔托博物馆（Aalto Museum）和芬兰建筑博物馆（Finnish Architecture Museum），尤其是安娜·奥蒂奥（Anna Autio）和安蒂·阿尔托宁（Antti Aaltonen）；我要感谢法国建筑设计与文化遗产城（Cité de l'Architecture et du Patrimoine）、当代艺术区域基金会（Fonds Régional d'Art Contemporaine）、以及勒·柯布西耶基金会；我还感谢柏林包豪斯档案馆；匈牙利建筑博物馆（Hugarian Museum of Architecture）；瑞典建筑博物馆（Swedish Museum of Architecture）以及瑞典国立博物馆（National Museum of Sweden）的迈克尔·阿隆德（Mikael Ahlund）；我致谢位于哥本哈根的丹麦皇家美术学会图书馆（Royal Danish Academy of Fine Arts Library）；位于伦敦的皇家艺术学院（Royal Academy of Arts），以及位于伦敦的维多利亚与艾伯特博物馆（Victoria & Albert Museum），尤其是亚伯拉罕·托马斯（Abraham Thomas）。

我的谢意还要呈送给那些当代建筑师，他们为我提供了关于其建筑画的图片和信息；我还要感谢那些已故建筑师的家人和亲属，他们帮助了我，并允许我复制这些建筑画；当然我也要感谢私人收藏家，尤其是纽约市的芭芭拉·派因（Barbara Pine），她是我最欣赏的收藏家。我要感谢阿姆斯特丹的迪尔克·范·登·赫费尔（Dirk van den Heuvel）博士，他也是我的朋友和同事，常常成为我所需的支持、主意和娱乐的源泉。在巴黎，巴西勒·博代（Basile Baudez）博士不仅在法国 20 世纪建筑画方面帮助我，他也成为我数次旅行驻足的完美主人。在意大利建筑画方面，安德鲁·霍普金斯（Andrew Hopkins）博士再次证明具有无与伦比的价值，巴西的费尔南多·森奇克（Fernando Sendyk）和墨西哥的哈维尔·古斯曼·乌维奥拉（Xavier Guzmán Urbiola）也同样极其具有帮助。其他深思熟虑地支持我的同事和朋友包括路易斯·佩拉尔·阿兰达（Luis Peral Aranda）、彼得·富勒（Peter Fuller）、蒂姆·诺克斯（Tim Knox）、奥松度·阿诺度（Osondu Anodu）、内尔·埃纳尔松（Neil Einarson）、凯利·泰勒（Kerry Taylor）、诺姆·戈尼克（Noam Gonick）、埃兰·哈伍德（Elain Harwood）博士、艾伦·鲍尔斯（Alan Powers）博士、阿克塞尔·克劳斯迈尔（Axel Klausmeier 博士）、蒂姆·布里顿-卡特林（Tim Brittain-Catlin）博士和伊丽莎白·威廉森（Elizabeth Williamson）博士。

我极为感谢 Laurence King 出版公司承担本书的出版工作；感谢劳伦斯·金先生、菲利普·库珀（Philip Cooper），尤其是丽兹·费伯（Liz Faber）和约迪·辛普森（Jodi Simpson）这两位指导我的热情编辑；并且感谢负责制作的金姆·辛克莱（Kim Sinclair）、负责设计的迈克尔·伦兹制图合伙人公司（Michael Lenz of Draught Associates），特别要感谢给我帮助的、不知疲倦的图片研究人员克莱尔·古尔德斯通（Claire Gouldstone）。

尼尔·宾厄姆